이 책을 향한 찬사

오랜만에 백신 개발의 역사와 현대 백신의 원리를 깊이 있게 다루는 책을 만나 반갑다. 『백신 이야기』 추천사를 쓰면서 문득 문성실 박사와 알고 지낸 지 20여 년이 지났다는 사실을 깨달았다. 연구에 전념하면서도 백신의 과거와 현재, 미래를 쉽게 이해할 수 있도록 이 책에 잘 정리해 준 그의 열정에 경의를 보낸다.

『백신 이야기』는 역사적 배경과 사실에 기반해 미생물의 발견부터 현대 백신의 등장과 발전 과정을 상세히 설명하고 있다. 인플루엔자부터 뎅기열, 수두대상포진, 간염, 자궁경부암 그리고 코로나19까지 다양한 감염성 질병들과 이에 관한 백신의 역사를 전한다. 특히 코로나19 백신과 mRNA 백신에 관한 혁신적인 기술에 대해서 자세히 다루며 백신의 미래 전망을 제시한다. 조금은 민감할 수 있는 백신반대운동, 백신 이상면역 반응, 백신 사용의 책임과 윤리에 대해서도 이야기하며 백신이 사회와 어떻게 연결되고, 윤리적인 문제와 어떻게 맞물려 있는지를 다양한 시각을 통해 드러낸다. 궁극적으로는 독자들이 백신의 필요성에 대해 정확히 이해할 수 있도록 돕는다.

이 책은 문성실 박사 특유의 섬세한 접근을 바탕으로 백신에 대한 종합적인 이해를 제공하며, 백신의 역사적, 과학적, 사회적 측면을 모두 아우르는 귀중한 자료다. 백신에 대한 깊이 있는 정보를 원하는 모든 이에게 이 책을 추천한다.

_김훈(SK바이오사이언스 대표)

코로나19가 한창 유행할 때 미국에서 백신 연구자로 일하는 문성실 박사를 알게 되었다. 그리고 코로나19가 안정화된 2023년, 페이스북과 클럽하우스(음성 기반의 소셜 미디어)에서만 만나던 문성실 박사를 직접 마주했다. 당시에 그와 함께, 서로 다른 현장에서 힘든 시기를 함께 이겨나갔던 여러 코로나19 파이터들을 만나 밤늦게까지 신나게 백신에 대해 이야기했다.

문성실 박사는 어쩌면 과학자가 아닌 사람에게는 생소한 사람일 수 있으나, 백신을 연구하는 우리 의학자들 사이에서는 숨어 있는 진주로 불릴 만큼 잘 알려져 있다. 그런 문성실 박사가 평생 백신을 연구하며 수집한 자료를 정리해『백신 이야기』라는 책을 세상에 내놓았다.

이 책에서는 백신의 보급으로 인류 역사상 처음으로 박멸된 두창 바이러스부터 어린아이들이 맞는 홍역 백신, 수두 백신, 로타 백신 등에 대한 이야기, 성인들이 챙겨 맞아야 하는 HPV 백신, 수두대상포진 백신, 나아가 우리를 너무나도 힘들게 했던 코로나19 백신 이야기까지 빠진 백신이 없다. 그뿐만 아니라 백신 과학에 저항하는 백신반대론자들과의 싸움을 다루고, 공중 보건학적으로 유익한 백신을 어떻게 많은 사람에게 접종할 수 있을지에 대해 백신학자로 느끼는 고통과 희망을 이야기하고 있다. 백신을 맞아본 사람들이라면 한 번쯤 이 책을 읽어보길 바란다. 힘들고 바쁜 연구자의 시간을 보내면서 책을 준비한 문성실 박사에게 존경의 마음을 보낸다.

_이재갑(한림대학교 강남성심병원 감염내과 교수)

『백신 이야기』는 백신의 시작과 발전, 그리고 미래에 대한 방대한 지식을 쉽고 흥미롭게 풀어낸 책이다. 미생물의 발견부터 천연두 백신 개발 그리고 최신 mRNA 백신에 이르기까지, 인류가 질병과 싸워온 여정과 과학적 혁신의 이야기를 생생하게 전한다. 또한 백신반대운동과 윤리적 논란 같은 현대의 주요 쟁점도 놓치지 않고 다루며, 이를 과학적 관점에서 깊이 있게 탐구한다. 백신의 안전성과 책임 있는 사용에 대해 명확한 시각을 제시하며, 독자들에게 생각할 거리를 제공한다. 특히 코로나19와 백신 개발 사례는 백신이 인류 생존에 얼마나 중요한 역할을 해왔는지, 또 앞으로 우리 삶에 어떤 가능성을 품고 있는지 깨닫게 한다. 과학적 사실과 역사적 이야기가 흥미롭게 엮인 이 책은 누구나 쉽게 이해할 수 있도록 구성되어 있어 과학적 배경이 없는 사람도 부담 없이 읽을 수 있다. 수십 년간 백신 연구에 매진해온 나조차도 이 책을 읽으며 오랜만에 독서의 즐거움에 흠뻑 빠졌다.

백신 연구자로서 나는 이 책을 통해 백신을 단순한 질병 예방 수단으로 보는 것을 넘어, 인류의 협력과 노력으로 만들어낸 귀중한 성과로 인식하는 놀라운 경험을 했다. 『백신 이야기』는 과학과 역사 그리고 인간의 도전 정신을 이해하는 데 소중한 통찰을 제공한다.

_송만기(국제백신연구소 사무차장)

일러두기

- 1부에서 다뤄진 세균학의 황금기 및 천연두 백신에 대한 내용의 일부는 아시아 태평양이론물리센터APCTP 웹진인 《크로스로드》에 기고한 원고를 수정했다.
- 이 책에 기록된 내용은 저자의 개인적인 의견이며 소속기관의 의견을 대표하지 않는다.

백신 이야기

백신 이야기

**전염병 예방과 인류의 생존을 위한
멈추지 않는 도전들**

초판 1쇄 발행 2025년 1월 31일

지은이   문성실
펴낸이   조미현

책임편집 박다정
디자인   엄윤영
마케팅   이예원, 공태희
제작   이현

펴낸곳   (주)현암사
등록   1951년 12월 24일 (제 10-126호)
주소   04029 서울시 마포구 동교로12안길 35
전화   02-365-5051
팩스   02-313-2729
전자우편 editor@hyeonamsa.com
홈페이지 www.hyeonamsa.com

ISBN 978-89-323-2405-0 (03470)

백신 이야기

전염병 예방과
인류의 생존을 위한
멈추지 않는 도전들

문성실 지음

ⓗ 현암사

목차

1부
현대 이전의 세균학과
백신 개발의 시초

2부
현대에 들어선 백신

용어 미리보기

생백신	살아 있는 바이러스나 세균을 약독화시켜 독성을 제거한 백신
불활화 백신	화학적, 물리적 처리 등을 통해 바이러스의 활성을 제거한 백신
재조합 단백질 백신	특정 질병을 오발하는 바이러스나 세균의 측정 단백질(항원)을 유전자 재조합 기술을 통해 인위적으로 발현해 만든 백신
면역 증강제	백신 접종 시 비특이적인 면역반응을 유도해 백신의 효과를 높여주는 물질. 주로 재조합 단백질 백신이나 불활화 백신과 함께 사용된다.

벡터 백신	백신으로 사용하고자 하는 항원의 유전자를 운반체 (벡터)인 다른 바이러스에 삽입해 체내에서 특이적인 항원을 발현시키는 백신
마이크로니들	나노미터 단위의 미세한 바늘이 피부의 각질층을 통과 해 약물이나 백신을 전달하는 경피 약물 전달 시스템
홍역	홍역 바이러스에 의해 호흡기로 감염되는 질병으로 고열과 전신 발열을 동반하는 질병
유행성 이하선염	볼거리라고 불리기도 하며 양쪽 귀 앞에 있는 이하선 에 부종을 일으키는 바이러스성 질환
풍진	루벨라 바이러스에 의해 나타나는 질병으로 발진이 대표적인 증상이나, 임산부에게 감염될 경우 유산 또 는 사산으로 이어질 수 있으며 태어난 아이들의 경우 선천적 기형을 가질 수 있다.
선천적면역	자연면역이라고 불리기도 하며, 체내로 침입하는 항 원에 대해 비특이적으로 항원을 제거한다.

후천적면역   획득면역이라고도 불리며 인체에서 실제로 생성되는
                     면역이다.

능동면역   병원체에 의해 면역 세포가 활성화되고, 해당 병원체
                     가 다시 체내로 들어올 경우 기억 면역 세포가 강력한
                     2차 면역반응을 활성화시키는 면역. 병원체에 자연적
                     으로 감염된 경험이나 백신을 통해 유도될 수 있다.

수동면역   다른 개체에서 생성된 면역이 또 다른 개체로 전달되
                     는 것으로, 모체에서 태아에게 전달되는 모체면역이
                     나 항체 치료제 등이 이에 해당한다.

게놈   생물이 가진 유전자의 전체 염기서열을 의미하며 유
                     전체라고도 한다.

중화항체   병원체가 인체에 침투했을 때 세포에 감염되는 것을
                     막아 생물학적인 영향을 중화하는 항체를 가리킨다.

탄저병   토양에 서식하는 탄저균Bacillus anthracis에 감염되어 발
                     생하는 급성 열정 전염성 질환

배지	미생물이나 세포가 성장할 수 있도록 하는 영양분이 포함된 물질이나 환경
한천	홍조류인 우뭇가사리에서 추출한 탄수화물, 아가로스를 이르며, 미생물 배양에 필수적인 고체 배지를 만드는 데 사용하거나, DNA나 RNA를 전기영동하는 매트릭스로 사용된다.
페트리 디쉬petri dish	뚜껑이 달린 얇고 둥근 유리 접시 모양의 실험기구
천연두	천연두 바이러스 감염으로 나타나는 전염병. 발진과 수포가 동반되며 30~35%의 치사율을 보이나 백신을 통해 현재는 지구상에서 박멸되었다.
점막면역	피부, 코, 기관지, 장 등 점막으로 이루어진 체내 면역세포에 의해 유도되는 면역. 병원균으로부터 1차적인 방어를 담당한다.
인두법	천연두 바이러스에 감염된 환자의 상처에서 균을 채취해 다른 사람에게 인위적으로 접종함으로써 약하게 천연두를 앓게 해 면역을 유도하는 방법

우두법	천연두와 비슷하나 훨씬 독성이 적은 소의 두창 병변을 사람에게 접종해 천연두 바이러스에 대한 면역을 유도하는 방법
휴먼 챌린지	백신 개발 과정에서 백신의 효과를 평가하기 위해 건강한 피험자에게 백신 접종 후, 해당 병원체에 노출시켜 감염의 방어 효과를 관찰하는 연구 방식
젯 인젝터	대규모의 백신 접종 캠페인에서 사용하던 주사 방법으로 다회용의 백신을 젯 인젝터에 연결에 피스톤의 압력으로 진피까지 약물을 전달하는 방식. 현재는 다회 사용으로 인해 접종자 간 질병 전파의 위험이 있어 현재는 사용을 금하고 있다.
분기바늘	끝이 두 갈래인 포크처럼 생긴 바늘로 백신이 두 바늘 사이에 묻혀 피부 피하층에 여러 번 찔러 접종하는 천연두 백신 혹은 원숭이 두창 백신 접종에 사용된다.
하수역학	하수처리장으로 유입되기 전의 하수를 수집해 전염병, 약물 및 마약과 같은 물질을 검출하고 하수 집수 지역의 건강 정보를 분석하는 역학적 방법

1부

현대 이전의 세균학과
백신 개발의 시초

1
백신의 토대가 된
미생물의 세계

전염병의 원인이 되는 미생물을 발견하기까지는 오랜 시간이 걸렸다. 질병의 원인을 찾아 이를 예방하고 치료하는 백신과 치료제 개발은 미생물의 발견으로부터 시작되었다. 특히 현미경의 발명은 우리 눈에 보이지 않는 미생물의 세계를 열어 후대 여러 과학자들이 질병을 연구하고 백신까지 개발할 수 있는 토대를 마련했다.

맨눈으로 볼 수 없는 존재를 처음으로 관찰한 사람은 네덜란드의 '안토니 판 레이우엔훅Antonie van Leeuwenhoek'이었다. 그는 낮에는 시 공무원으로 일하며 직물 관련 일을 했고, 직물을 잘 관찰하기 위해 유리구슬을 활용해 그 품질을 확인하곤 했다. 밤이면 유리구슬을 갈아 렌즈로 만들어 현미경을 조립하는 소위 현미경 덕후였다. 그는 직접 만든 현미경을 통해 직물뿐만 아니라 눈에 보이지 않는 것들을 하나씩 정복해 나갔다. 식물 조직, 곤충, 이의 소화관, 적혈구, 심지어는 자신의 정액까지 현미경으로 관찰하며 그 세계에 푹 빠졌다. 그가 만든 현미경은 '마이크로피아'라는 현미경 관찰기로 현대 현미경학을 발전시킨 로버트 훅의 20~50배 배율 현미경보다 훨씬 더 많이 확대할 수 있는 270배 배율의 현미경이었다.

미생물이라는 미시의 세계를 연 레이우엔훅

어느 날부터 레이우엔훅은 물방울을 들여다보기 시작했다. 호수에서 떠온 물을 당시 세계 최고 배율의 현미경으로 들여다본 결과, 그는 인류 최초로 물에서 춤추고 있는 원생동물을 관찰한 사람이 되었다. 레이우엔훅은 자신의 치아 사이에서 채취한 플라크나 갓 발효된 효모도 현미경으로 관찰했다. 긴 막대기 모양의 생물들과 그보다 작은 생물들과 뱅뱅 돌아다니는 구형의 미생물도 관찰했다. 그가 그린 입속의 플라크는 고작 막대와 동그라미에 지나지 않지만 '세계 최초 미생물 관찰자'라는 명예를 그에게 안겨줬다. 미생물이라는 정의가 없던 시절, 레이우엔훅이 관찰한 꼬물꼬물 움직이는 작은 존재들은 동물을 뜻하는 '애니멀animal'에 작다라는 접미사 '큘cule'이 붙어 '애니멀큘animalcule'이라고 불렸다. 그러나 레이우엔훅의 미생물 관찰은 슬라이드에 물을 한 방울 떨어뜨리고 관찰하는 과정에서 물을 말리거나 고정시키지 않았다는 점에서 한계를 보였다. 관찰 대상이 고정되지 않는 한 그 이상의 유의미한 연구는 불가능했기 때문이다.

레이우엔훅의 최초의 발견 이후 정체기에 머물러 있었던 미생물 연구는 19세기에 들어와 본격적으로 진행되었다.

1부 현대 이전의 세균학과 백신 개발의 시초

자신이 만든 현미경을 든 안토니 판 레이우엔훅

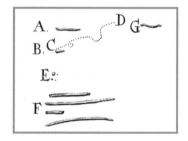

레이우엔훅이 현미경으로 관찰한 입 속의 미생물

로버트 코흐, 세균학의 황금기를 가져오다

독일에서 태어난 로버트 코흐 Robert Koch는 레이우엔훅의 연구에서 한계가 있던, 둥둥 떠다니는 투명한 미생물의 관찰 방식에 변화를 가져왔다. 그는 고정 fixation이라는 방법을 고안했는데,

슬라이드에 얇은 층의 박테리아를 도말하고 약한 열을 주어 박테리아를 고정시키는 원리였다. 당시 독일의 화학 및 인공 연료 산업의 거대한 성장 덕에 코흐는 각종 아닐린 염료(에오신Eosin, 푸크신Fuchsin, 사프라닌safranin, 메틸 바이올렛Methy violet)들을 박테리아를 고정시킨 슬라이드에 떨어뜨려 염색해 볼 수 있었다. 그뿐만 아니라 그는 현미경 기술자와 협력해 고해상도의 현미경을 사용했으며, 해상도를 높이기 위한 유침렌즈Immersion oil를 처음으로 사용한 의사이기도 했다.

지역 의사로 일하던 코흐는 박테리아를 연구하면서 점차 지역에서 유행하던 탄저병에 관심을 갖기 시작했다. 당시 약 4년 동안 528명이 사망하고 5만 6천 두 이상의 가축이 탄저병으로 폐사했다. 코흐는 탄저병 연구를 위해 쥐, 기니아 피그, 토끼, 개, 개구리와 새 등 다양한 동물을 사용했다. 탄저병으로 죽은 양의 혈액을 쥐에게 접종한 다음 날 쥐는 죽었고, 죽은 쥐를 해부한 결과 혈액, 림프 노드, 비장에서 타원형 막대 구조의 탄저균을 발견했다. 코흐는 이 과정을 여러 번 반복해 여러 세대에 거쳐서 탄저균을 관찰했으며, 쥐가 죽은 원인이 탄저균임을 확신했다. 저마다 길이가 다른 막대 모양의 탄저균이 증식하고 분열할 때 다양한 형태를 취한다는 것을 알아낸 그는, 실험실에서 탄저균을 배양할 수 있는 방법을 고안했다. 여러 조건을 변경하며 토끼의 각막액에 탄저균을 배양했다. 따뜻하고 습하고 공기가 통하는 환경에서는 탄저균이 증식하며 긴 필라멘트 같은 구

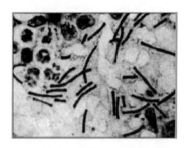

코흐의 첫 번째 현미경 사진, 탄저균

남아프리카 공화국 킴벌리에 있었던 코흐의 실험실

조를 보였다. 그러나 저온의 건조하거나 산소가 부족한 환경이 되면 구형의 포자를 형성했다. 그동안 탄저균으로 사망한 가축들을 키우던 지역에서 시간이 한참 지나 다른 가축을 사육할 때 또 탄저병이 유행하던 현상을 이 내성 포자를 통해 설명할 수 있었다. 즉, 탄저균은 외부 조건에 따라 모양이 다르며 번식할 수 있는 동물이나 인간의 체내에서는 막대 모양으로 빠르게 번식하고, 영양이나 외부 온도와 습도 등 환경이 열악할 경우 포자를 형성해 극한 환경에서도 오랫동안 살아남을 수 있다는 사실이 밝혀졌다.

코흐는 자신이 밝혀낸 탄저균의 생활사를 세균학의 권위자들을 통해 검증받고 싶어 했다. 당시 식물학자이자 박테리아 분류를 체계화해 박테리아계의 선구자로 있던 '페르디난드 콘Ferdinand Cohn'에게 편지를 썼다.

> "저는 전염병에 대해 연구해 왔고, 여러 번 시도한 끝에 탄저균의 생활사를 밝히는 데 성공했습니다. 이 연구 논문을 게재하기 전, 교수님께서 이 연구에 대해 검토하고 유효성을 판단해 주실 것을 부탁드립니다."

코흐의 겸손한 편지 한 장과 탄저균의 생활사에 대한 놀라운 발견은 후에 콘이 의과학자로서 코흐의 인생에 든든한 후원자가 되도록 이끌었다. 콘은 무명의 의사인 코흐를 자신의 학교로 초대했고, 코흐는 자신의 연구를 증명할 수 있는 데이터와 실험도구를 가지고 브레슬라우로 향했다. 콘은 코흐의 실험에 흥분하고 열광했으며, 그의 조수와 동료들이 코흐의 실험을 볼 수 있도록 자리를 마련했다. 이를 참관했던 대학의 병리학 연구소 소장

줄리어스 콘하임Julius Cohnheim은 "코흐는 모든 과학협회와의 교류가 없었음에도 간결하고 정확한 방법을 통해 홀로 놀라운 발견을 해냈다. 나는 그의 업적을 병리학 분야에서 가장 위대한 발견으로 간주하며 그는 또 다른 발견을 통해 우리를 또 다시 놀라게 하고, 부끄럽게 만들 것이라고 믿는다"라며 극찬했다.

마침내 탄저균의 생활사를 밝힌 코흐의 논문은 1876년 콘의 식물학 저널《생물학에 관한 연구 결과Beiträge zur Biologie der》에 게재되었다. 그의 논문에 들어간 탄저균의 생활사 중 포자가 발아하는 그림은 콘이 직접 그렸다고 한다. 코흐는 이 논문에서 탄저균을 간균에 속하는 바실러스Bacillus의 이름을 붙여 바실러스 안트라키스Bacillus anthracis로 분류하고 명명했다. 그의 이러한 발견은 결과적으로 특정 질병이 특정 미생물에 의해 유발되었음을 최초로 입증하며 세균의 황금기가 시작되었음을 알렸다.

세균의 황금기에 함께한 동역자들

코흐의 성과는 또 다른 동역자가 있기에 가능했다. 코흐는 그동안 토끼의 각막액을 이용하거나 혈액 등이 들어간 액체 배지*를 사용했다. 그러나 액체 배지의 경우 액체에 다 섞여버리기 때문에 순수한 박테리아를 얻기가 어렵다는 한계를 극복하

●   미생물이나 세포가 성장할 수 있도록 돕는 영양분이 포함된 물질이나 환경을 의미하며 주로 실험실에서 세균, 진균, 세포 등을 배양하기 위해 사용된다.

고자 코흐는 감자의 단면 조직에서 자라는 곰팡이 군체를 관찰한 후, 고체 배지 개발에 열을 올렸다. 처음엔 닭육수와 젤라틴을 섞어 냉각시켜 매끈하고 균질한 고체 배지를 만들었다. 코흐의 제자들은 이 고체 배지를 슬라이드에 부은 후 종 모양의 유리 덮개를 덮어 사용했다. 그런데 젤라틴 배지의 경우 박테리아는 잘 자라지만 탁해지는 경향이 있고, 많은 박테리아가 젤라틴을 분해하고 증식하면서 오히려 효소를 만들어 액체가 되어버리거나 혹은 실험실의 실내 온도가 높아질 때 녹아 종종 액체로 변해 버렸다.

이 과정에서 박사과정 학생이었던 코흐의 제자 월터 헤세 Walther Hesse의 아내 페니 헤세Fanny Hesse는 젤라틴 대신 한천으로 고체 배지를 만드는 방법을 고안했다. 한천은 젤리처럼 고체이

페니 헤세

면서, 박테리아 성장에 풍부한 영양분을 제공하고, 투명하고 박테리아가 매끈한 표면에 남아 군집을 형성할 수 있기 때문에 유용했다. 페니는 남편의 조수로서 무급으로 실험을 보조했고, 이를 바탕으로 코흐는 1882년 결핵균에 대한 논문에서 처음으로 한천 고체 배지를 사용했다고 기술했다. 하지만 그 논문에

1부 현대 이전의 세균학과 백신 개발의 시초

서 페니의 공을 인정하지 않았고, 왜 젤라틴에서 한천으로 배지를 바꿨는지에 대한 설명도 공식적으로 하지 않았다. 페니의 한천 배지에 대한 아이디어는 140년이란 세월 동안 생명과학 연구에 있어서 없어서는 안 될 중요한 재료가 되었음에도 페니와 그의 가족은 어떤 명예나 금전적 이익을 받지 못했다.

한천 배지의 발명에도 불구하고 슬라이드의 박테리아를 관찰하기 위해서 커다란 종 모양의 유리 덮개를 제거할 때마다 오염 물질의 노출이 빈번하게 일어났다. 이에 군의관으로 베를린 코흐의 연구실에서 일하던 리처드 페트리Richard Petri는 종 모양의 덮개가 아닌 접시 위에 좀 더 큰 투명한 유리 뚜껑을 덮는 아이디어를 냈다. 박테리아를 관찰하기 위해 뚜껑을 열 필요도 없었고, 유리를 통해 박테리아 군집을 관찰하기도 용이했으며, 공기 중에서 다른 미생물의 오염은 거의 발생하지 않는 방식이었다. 그가 고안해 낸 이 유리 뚜껑 있는 접시는 '페트리 디쉬'라는 이름으로 지금도 생명과학 실험실에서 쓰이고 있다.

코흐의 공리

코흐는 1877년 「외상성 감염병의 원인에 대한 조사Investigations Into the Etiology of Traumatic Infective Diseases」라는 논문을 게재했다. 이 논문에서 박테리아를 순수하게 분리하는 방법을 발표했으며, 특정 미생물이 특정 질병과 연관된다는 그의 이론을 뒷받침할 '코흐의 공리' 4가지 사항을 이야기했다.

> 코흐의 공리
>
> 첫째, 질병에 걸린 모든 숙주에는 병원균이 존재한다.
>
> 둘째, 병원균은 질병에 걸린 숙주로부터 분리되어 배지에서 순수 배양되어야 한다.
>
> 셋째, 실험실에서 배양한 병원균을 동물에 접종하면 반드시 동일한 질병이 발생되어야 한다.
>
> 넷째, 그렇게 감염시킨 동물에게서 분리 배양된 병원균은 최초 감염된 숙주로부터 분리된 병원균과 동일한 종이여야 한다.

코흐는 자신이 세운 이 4가지 공리를 결핵 연구를 통해 증명해 냈다. 당시 폐결핵의 원인은 박테리아가 아닌 영양실조라고 알려져 있었으며, 서유럽과 미국에서 4명 중 1명이 결핵으로 사망했다. 코흐는 새로운 염색법을 도입해 결핵균을 염색하는 데 성공했으며, 그가 검사한 모든 감염 조직 샘플에서 결핵균을 발견함으로써 첫 번째 원칙을 수렴했다. 그는 한천 배지로 만든 튜브에 결핵균을 배양하고(두 번째 원칙), 배양된 결핵균을 기니피그에 접종했다. 기니피그는 4~6주 사이에 죽었으며(세 번째 원칙), 이 과정에서 분리 배양된 병원균을 문제 없이 확인해 그의 마지막 원칙을 완성했다. 그는 이 논문을 게재하기 전 베를린 훔볼트 대학에서 열린 생리학회에서 구두 발표를 먼저했다. 당시 결핵은 비병원성이라고 주장하던 독일 병리학자들 앞에서 코흐는 역사적인 시연을 했다. 200장이 넘는 슬라이드, 현미경,

배양 튜브, 페트리 접시와 액체 배양한 결핵균을 준비해 수많은 이들 앞에서 하나하나 자신의 주장을 검증했다.

코흐는 "본 연구는 결핵이 인간 전염병으로서 기생 특성을 지닌다는 확실한 증거를 최초로 제시했다는 점에서 의미가 있다. 결핵의 병인 규명은 다른 전염병 연구에 새로운 통찰을 제공할 것으로 기대된다. 결핵이라는 질병에 대한 예방의학적인 지식은 아직 부족하지만, 인류가 이 끔찍한 역병과 싸워 나갈 미래는 더 이상 불확실하지 않다."라고 이야기했다.

세균학의 황금기는 결코 코흐 혼자 이룬 것이 아니다. 페니 헤세와 리처드 페트리 외에 그의 논문엔 언급조차 되지 않은 이들의 이름이 세균학의 역사 곳곳에 남아 있다. 시골의 무명 의사를 세균학의 선봉에 세워 전폭적인 지지를 했던 전문가들과 젊은 의사의 논리적이고 명료한 증명에 감탄과 인정의 박수를 전했던 많은 학자들이 있다. 그가 실험의 고비마다 140년이 지나도 사용될 수 있는 획기적인 실험 테크닉과 기기들을 만든 과정에서 먼지 속에 가려진 과학자들과 그들을 도왔던 이들이 있었기에 코흐는 세균학의 황금기를 가져올 수 있었다.

2
천연두에 맞선
오랜 투쟁, 인두법

서아프리카 요루바족의 전설에 의하면 신^{God}에게는 두 아들이 있었다. 신은 첫째 아들 샤포나^{Shapona}에게는 땅을, 둘째 아

서아프리카 천연두의 신, 샤포나

들 샹고^{Sango}에게는 하늘을 위임했다. 샤포나는 인간들에게 곡식을 주어 비옥한 땅을 가꾸도록 도왔는데, 인간들에게 벌을 내리는 방법은 그들이 심고 거둬 먹은 곡식 알갱이들이 피부에 알알이 드러나게 만드는 것이었다. 두창 바이러스$^{Variola\ virus}$에 의한 질병인 천연두^{smallpox}는 요루바족에게는 샤포나, 즉 천연두 신의 분노와 징벌이었다.

신의 징벌, 천연두

천연두는 온 몸에 좁쌀만한 크기부터 손톱만한 크기까지 발진과 수포가 생기고, 심할 경우 사망에 이르는 전염병이다. 회복된다고 해도 얼굴은 많은 흉터로 곰보가 된다. 인간은 오래전부터 천연두와 함께 살아왔다.

호흡기를 통해 두창 바이러스에 감염이 되면 온몸에 발진이 나타나고 시간이 지나면서 발진은 수포로 변해 때로는 고름이 가득 찬다. 고열과 함께 죽음의 그림자가 드리워진 고통의 시간을 견뎌낸 사람들의 얼굴엔 보

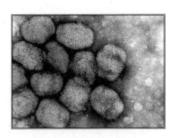

투과전자현미경으로 본
천연두 바이러스

기 흉한 흉터가 남거나, 실명, 관절염, 골수염 등의 합병증을 갖는 경우도 있었다. 그들이 힘들게 싸워 이긴 존재가 박테리아인지 바이러스인지 그 존재조차 모를 때부터 그들은 죽음의 그림자를 신에 의한 징벌이라고 믿었다.

인도를 비롯한 힌두교 문화의 국가에서는 시탈라 마타Shitala Mata라는 천연두 여신이 등장한다. 그는 한 손에는 질병을 몰고 다니는 빗자루를, 다른 한 손에는 질병을 낫게 해주는 냉수 단지를 들었다. 여인들은 가족의 건강을 위해 시탈라 마타를 모시는 사원에서 빌고 또 빌었다. 중국에서는 변덕스럽고 질투가 많은 천연두 여신인 두진낭랑痘疹娘娘이 있다. 예쁜 얼굴을 좋아하

는 두진낭랑를 피해 이곳에서는 명절이면 못생긴 가면을 쓰고 자는 풍습이 생겼다.

폭스바이러스과Poxviridae 오르소폭소바이러스속Orthopoxovirus에 속하는 두창 바이러스의 기원은 과학계의 끊임없는 화두 중 하나다. 과학자들은 두창 바이러스 유전자의 진화적 분석과 자연 숙주의 분포 등을 조사한 결과 동아프리카에서 3천~4천 년 전에 출현했다는 연구 결과를 발표했다. 두창 바이러스의 유전자 계통발생학적 분석에 따르면 낙타두 바이러스와 설치류 naked-sole gerbil를 감염시키는 타테라두 바이러스Taterapox virus와 함께 공통 조상으로부터 출현한 것으로 예상된다. 이들은 공통적으로 숙주에 특이적인 바이러스이며 치사율이 높다. 과학자들은 그 공통 조상을 다양한 종에 감염되는 우두 바이러스와 유사한 바이러스로부터 진화했다고 보고 있다. 타테라두 바이러스의 숙주인 설치류의 서식지, 낙타두 바이러스의 숙주인 낙타가 아프리카로 수입된 지역과 시기, 그리고 약 4천 년 전 이 지역에 인류의 대규모 정착지가 있었던 것으로 추정되는 3가지의 지정학적, 문화적 공통점을 기반으로 아프리카 동쪽 끝 뾰족하게 나와 있는 지형Horn of Africa, 지금의 에티오피아를 두창 바이러스의 출현 장소로 추측하고 있다.

3천 년 전 이집트 파라오 람세스 5세의 머리에는 이 두창 바이러스의 흔적으로 보이는 흉터가 남아 있다. 전 세계적으로 분포된 천연두의 흔적들을 따라가보면, 고대 인도를 거쳐 중국에

1부 현대 이전의 세균학과 백신 개발의 시초

전파가 되고 기원전 1세기에는 중국에서 한국을 통해 일본으로 전파되어 당시 일본에서는 천연두로 인구의 ⅓이 사망했다는 기록이 있다. 또한, 역사학자들은 아랍의 군대가 천연두 바이러스를 아프리카에서 유럽으로 옮겨왔다고 이야기한다. 산발적인 풍토병에 지나지 않았던 천연두는 중세시대 이후 유럽 인구의 폭발적인 증가와 십자군 전쟁을 통해 16세기 유럽 전역으로 유행하게 되었다. 유럽인들의 대항해시대가 열리면서 천연두는 신대륙으로 옮겨 가 북미 원주민들을 거의 말살시켰다.

민간요법, 인두법의 등장

천연두의 흔적 뒤에는 신의 징벌에 대항하는 민간요법이 꾸준히 등장하고 행해져 왔다. 두창 바이러스의 존재는 몰랐지만 이에 대한 백신의 원리는 일찍이 발견되었기 때문이다. 10세기경 중국에서는 경미하게 천연두를 앓고 있는 사람의 천연두 딱지를 갈아 코로 흡입하는 방법으로 두창 바이러스에 대한 면역을 유도시켰다. 지금으로 이야기하면 점막 면역을 유도하는 방법을 그들은 알고 있었다. 17세기 인도 뱅골 지역에서는 천연두 환자의 고름을 날카로운 쇠바늘로 찍어 팔이나 이마에 찌르고 쌀로 만든 반죽를 바르는 방식으로 천연두에 대한 면역을 유도했다. 아랍인들은 팔에 상처를 내고 천연두 환자의 고름을 넣는 방식을 사용했으며, 이와 같은 그들의 다양한 방식들을 인두법 Variolation이라고 불렀다. 이처럼 아시아, 아프리카 그리고 중동에서 행해지던 인두법은 훗날 서양의학과 만나 현대 백신의 기반이 되었다.

당시 인두법의 본격적 도입에 큰 역할을 한 사람은 '레이디 메리 워틀리 몬터규Lady Mary Wortley Montagu'다. 영국에서 태어난 레이디 몬터규는 천연두로 동생을 잃었고, 그로부터 2년 후 본인도 천연두에 감염되었다 가까스로 살아났다. 천연두는 그의 얼굴에 흉터를 남겼고 속눈썹은 다 빠져버렸다. 글쓰기와 모험심이 강했던 그는 중매결혼을 피해 '에드워드 워틀리 몬터규 Edward Wortley Montagu'와 결혼했다. 그의 남편이 오스만 제국의 콘스탄티노플(현재의 튀르키에) 대사로 임명되었을 때, 레이디 몬터규는 남편과 함께 영국을 떠나 콘스탄티노플을 비롯한 여러 나라의 여행기와 편지를 남겼다. 콘스탄티노플 전통 옷을 입고, 하렘과 목욕탕을 방문하고, 모스크에 들어가기 위해 남장을 했다는 기록도 있다. 그는 스스럼없이 콘스탄티노플의 여성들과 어울렸으며, 이 과정에서 여성들 사이에서 광범위하게 행해지고 있던 인두법을 접했다. 그리고 콘스탄티노플을 떠나기 전인 1718년, 영국 대사관의 의사 찰스 메이틀랜드Charles Maitland와 터키인 노파를 통해 5살 아들에게 인두법을 시행했다. 영국으로 돌아온 후, 1721년 천연두가 영국을 위협했을 때는 딸을 보호하기 위해 인두법을 시행했다. 레이디 몬터규의 두 아이에게 인두법을 행했던 의사 메이틀랜드는 1723년 『천연두 접종에 대한 설명Account of inoculating the smallpox』이란 제목으로 책을 출간하며 인두법에 대한 경험을 남겼다.

그뿐만 아니라 웨일스Wales의 캐롤라인 공주와 친구였던 레이디 몬터규는 왕실에 인두법에 대한 관심을 불러일으켰고, 의사였던 한스 슬론 경Sir Hans Sloane은 1721년 '왕실 실험The Royal Experiment'을 조직해 교도소에 수감된 죄수 6명에게 인두법 임상시험을 했다. 그 후 6명은 모두 석방되었고, 그중 1명에게는 천연두에 감염된 아이와 한 침대에서 6주간 함께 생활하도록 해 천연두에 대한 면역을 확인했다. 캐롤라인 공주는 고아들에게 인두법 임상시험을 실시하게 했고, 이 시험의 성공 이후 왕실의 공주들에게 인두법을 시행했다. 1729년까지 876건의 인두법 추가 접종이 이루어졌고 그들 중 천연두로 사망한 사람은 17명에 불과했다. 그렇게 왕실은 1746년 런던 천연두접종병원London small-pox and inoculation hospital을 설립해 인두법을 무료로 시행했다. 영국 사회의 인두법 접종 기술은 의료 행위의 혁신을 가져왔으며, 임상적인 보고서와 토론으로 영국의 과학적 사고를 가진 사회 구성원들 사이에 널리 퍼지게 되었다.

민간요법으로 전수되었던 인두법은 이후 영국의 의료 시스템을 통해 공중 보건을 위한 대규모 예방 접종으로 발전했다. 의사인 존 헤이가슨John Haygarth의 『영국의 천연두 박멸 계획 스케치A Sketch of a Plan to Exterminate the Small-pox from Great Britain』라는 책에는 "전국적인 예방 접종과 함께 환자 격리, 잠재적 오염 제거, 각 구역을 감독하는 검사관, 가난한 사람의 격리 규칙 준수에 대한 보상, 규칙 위반에 대한 벌금, 항구의 선박 검사 그리고 기도가 필요하다"라는 기록이 있다.

영국에서 천연두 박멸에 관한 연구와 임상시험이 일찍이 이뤄지고 있을 때, 1721년 미국 보스턴에서는 대규모 천연두 유행이 발생했다. 보스턴 인구 1만 600명 중 5천 759명이 감염되고 그중 844명이 사망했다. 이 과정에서 보스턴의 청교도 목사이자 과학에 관심이 많았던 코튼 매터Cotton Mather와 의사 잡디엘

보일스턴Zabdiel Boylston이 인두법에 관심을 갖게 되었다. 매터 목사는 아프리카 출신 노예 오네시무스Onesimus를 통해 아프리카에서 행해지고 있는 인두법에 대한 이야기를 듣고 보스턴 지역 내 의사 14명에게 편지를 썼다. 보일스턴이 유일하게 그 편지에 응답했고, 마침내 1721년 자신의 아들에게 처음으로 인두법을 시행했다. 그 후 일종의 임상시험으로 노예들에게 인두법을 시행해 안전

잡디엘 보일스턴이 쓴
인두법에 대한 보고서

성을 확인한 보일스턴과 매터는 보스턴에서 예방 접종 캠페인을 시작했다. 당시 천연두에 감염된 4천 917명 중 842명이 사망할 때 인두법을 시행한 287명 중에서 2%만이 사망했다. 이 예방 접종 캠페인을 통해서 그들은 대조군과 시험군의 사망 비율 측정 등 정량적인 데이터를 보여주기 위해 노력했으며, 이는 첫

1부 현대 이전의 세균학과 백신 개발의 시초

번째 수치 분석을 사용한 임상시험 평가가 되었다.

백신의 역사에서 (앞으로 나올) 인두법은 에드워드 제너의 우두법이 나오기 전의 미완성으로 비치곤 한다. 실제 피부를 절개해 천연두 종기의 고름을 주입하던 인두법의 방식은 천연두를 경미하게나마 앓게 했으며, 혹은 오히려 천연두 감염을 악화시켜 사망하게 하는 경우도 있었다. 회복 기간이 길고 한 번에 많은 사람들에게 빠르게 시행하기도 어려웠다는 점에서 한계가 있었다. 그럼에도 인두법은 우두법이 시행되기 이전에 공중 보건에 대한 사회 인식을 바꾸고, 예방 접종과 임상시험에 대한 시스템 및 인프라를 구축했다.

나이지리아 공중 보건에 힘쓴 사파라

천연두라는 신의 징벌에 대항한 또 다른 사례가 있다. 서아프리카의 요루바족은 지금의 나이지리아와 토고, 그리고 베냉 공화국 지역의 원주민을 이야기하는데 이들 또한 천연두의 신 샤포나Shapona를 중심으로 한 종교에 영향을 받았다. 샤포나교는 서아프리카에서 노예무역을 통해 여러 나라로 퍼져나갔으며, 브라질에서는 삭파타Sakpata, 트리니다드 토바고*에서는 샤크파나Shakpana라는 이름으로 전파되기도 했다. 샤포나교 사제들은 천연두 치료자이기도 했다. 천연두 환자가 발생하면 요루

●   트리니다드 토바고 공화국은 카리브해 남쪽에 있는 남아메리카의 섬나라

바족은 으레 샤포나교 성직자들을 불렀으며, 그들은 환자를 건강한 이들로부터 격리하고, 수고비를 받고 시어버터°를 주성분으로 하는 연고를 만들어 환자들에게 발라주었다. 천연두의 대표적인 증상이 피부 발진인 것을 고려하면 시어버터 연고는 어느 정도 치료 효과가 있었을 수 있다. 성직자들은 환자가 사망하면 시신을 주거 지역에서 멀리 떨어진 곳에 옷이나 기타 소지품과 함께 매장하거나 화장하는 일까지 수행했다. 천연두 감염자체가 신이 내리는 복수였기 때문에 이를 피하기 위한 축제도 진행했다. 샤포나신이 지닌 신성성의 상징 중 하나는 빗자루였다. 이는 '주변을 청결하게 해야 천연두에 감염되지 않는다' 혹은 '빗자루로 천연두를 쓸어버린다'의 의미를 지녔을 것으로 보이며, 천연두가 유행하면 온 동네가 집과 공동 구역을 샤포나신의 빗자루로 청소하라는 지시를 받았다.

그 무렵 시에라리온°°에서 태어나 런던에서 의사가 된 오쿤톨라 사파라Oguntola Sapara는 1876년 유년기를 보냈던 나이지리아로 다시 돌아왔다. 당시 아프리카 의사를 인정하지 않던 유럽의 식민지 의료법으로 인해 식민지의 건강 및 위생 정책이 한계에 다다르고 있었다. 특히 유럽의 몇몇 의사들이 인두법을 시행

● 사하라 이남 아프리카에서 자라는 시어나무 열매에서 추출한 식물성 지방으로 피부 연고, 류마티즘 치료제, 화장품 및 초콜렛이나 쿠키처럼 식용으로도 사용된다.
●● 아프리카 서부 대서양 해안에 위치한 나라

1부 현대 이전의 세균학과 백신 개발의 시초

한 후 비위생적인 관행과 불충분한 의료 감독으로 여러 부작용과 합병증이 나타나자 오히려 식민지 주민들 사이에서는 인두법이 질병을 예방하는 수단이 아닌 해를 끼치는 수단이라고 믿게 되었다. 그들의 거센 항의에 조례 재정을 통해 유럽에서 교육받은 아프리카계 의사들이 식민지 의료계를 위해 일할 수 있게 되

샤포나교와의 전쟁을
선포한 사파라

었다. 그렇게 사파라는 1896년 식민지 보조외과의Assitant Colonial Surgeon로 임명받았다.

그가 부임해 간 에페Epe 지역은 천연두 유행의 온상이었는데, 일반적인 예방 조치와 백신 접종도 도움이 되지 않았고, 무엇보다 샤포나교 사제들의 영향력이 높았다. 지역 사람들은 과학적인 의료 정책보다 샤포나교 사제들을 더 믿었다. 몇 가지 이유가 있었는데, 첫 번째로는 지역 내에서 식민지 국가를 무시하는 유럽 백인 의사들의 인두법 접종에 대한 신뢰가 없었고, 두 번째로는 직접 팔에 상처를 내서 침습적으로 인두법을 행하는 것에 거부감이 컸다. 그는 나이지리아의 공중 보건 개선을 위해 결핵과 여러 전염병 발병에 맞서 싸웠다. 특히 산모와 신생아 건강을 위해 과학적이고 체계적인 의학 지식에 기반해 조산사를 훈련시켰으며, 나이지리아 최초의 공공 진료소를 설립했다. 사파라의

등장은 같은 지역 출신이라는 점에서 인종에 대한 거부감을 낮추고 실제 주민들의 생활에 더 밀접하게 접촉해 백신 접종의 어려움을 자세히 들여다볼 수 있는 계기가 되었다. 그의 노력은 여기서 끝나지 않았다. 사파라는 천연두 유행을 통제하기 위해 샤포나교에 몰래 가입해 본격적인 "신과의 전쟁"에 뛰어들었다. 샤포나교의 사제들은 오랫동안 행해온 치료자로서의 역할 때문에 천연두의 특성에 대해 잘 아는 이들이었다. 당시 제너의 우두법이 유럽 의사들에 의해 전해지자 샤포나교 사제들은 힘과 통제력을 높이기 위해 더 노력했다.

사파라는 자신의 신분을 철저히 숨기고 샤포나교의 비리를 알아내고자 깊숙히 파고들었다. 사제들은 천연두에 감염된 환자 피부의 딱지를 긁어 다른 사람에게 고의적으로 감염시켰다. 천연두로 사망한 시신에서 나온 먼지들을 자신들을 따르지 않는 이들의 문이나 창문에 뿌리는 행위들로 천연두를 지역사회에 더 확산시켰다. 그들은 시신과 함께 시신이 사용했던 물건들을 다 수거해 오히려 이를 통해 경제적인 이익을 누리고 있었다. 영국 정부의 지원이나 어떤한 동맹이나 동료 없이 홀로 샤포나교의 비밀 결사단에 들어간 사파라는 이에 맞서 사제들의 신뢰를 얻고 그들이 어떻게 백신 접종을 저해하고 있는지, 주민들이 무엇을 두려워하는지, 사포나 사제들을 거부한 이들이 어떻게 천연두로 죽임을 당했는지를 알아내고 기록했다.

이후 사파라 박사의 실체를 알게 된 샤포나교에서는 사파라를 퇴출시켰다. 사파라는 그 즉시 샤포나교의 만행을 영국 당국에 고발했다. 그는 여러 정치인들과 함께 샤포나교에 대항해 싸웠으며, 문화적으로는 백신을 받아들일 수 있는 기술을 도입해 1917년 기존의 주술과 주주 조례를 제정해 샤포나교 숭배를 벌금과 징역형으로 처벌할 수 있는 범죄로 규정했다. 사파라 박사의 신과의 전쟁은 그가 세상을 떠난 지 40여 년이 지나서야 "천연두 박멸"이라는 결과로 승리를 거두었다. 그의 유산은 샤포나교와 그 사제들을 넘어 질병에 대해 이해하고, 방어할 수 있는 무기인 백신을 만들어내고, 생명을 연장하고, 다음 세대를 보호하는 데 큰 역할을 했다. 사파라의 노력이 없었다면 인류의 천연두 종식이라는 결과는 더 먼 미래가 되었을 것이다.

3
천연두에 맞선
혁신적 투쟁, 우두법

"백신의 아버지"라 불리며 우두법을 연구한 천연두 예방의 선구자 에드워드 제너Edward Jenner는 어린 시절 인두법으로 천연두 예방 접종을 받았다. 천연두를 경미하게 앓고 있는 아이의 팔의 고름이 자신의 팔로 옮겨지는 과정에서 어린 제너는 많은 고통을 감내해야 했다. 몸안이 깨끗해야 인두법이 효과가 있다는 속설에 인두를 접종받기 전부터 절식을 했고, 혈액을 일부러 빼는 일(방혈)도 했다. 제너는 인두를 접종받고 천연두에 대한 면역은 얻었지만 어릴 적 겪은 경험에 대해 평생의 심리적 고통을 지녔다고 한다. 그는 "나는 안전하고 덜 끔찍한 대안을 찾고 싶다"

우두법 접종 방법

라고 말했고 그때부터 천연두에 관한 그의 연구가 시작되었다.

　1796년 어느 날 천연두에 관심이 많았던 제너의 눈에 주위 농장에서 소 젖을 짜는 여인들이 들어왔다. 그들의 손과 팔에는 천연두보다 작은 고름들이 생겨나 있었고, 그런 증상을 보인 여인들은 천연두에 감염되지 않았다는 사실을 발견했다. 그는 주변의 농장들을 돌며 농장 사람들의 이야기를 듣기 시작했고, 이에 기반해 최초의 '휴먼 챌린지human challenge●', 즉 동물이 아닌 사람을 대상으로 한 백신 임상시험을 최초로 수행했다. 제너는 소의 젖을 짜던 여인 중 한 명이었던 사라 넴스Sarah Nemes의 팔에서 우두 고름을 짜 정원사의 아들이었던 7살짜리 제임스 핍스James Phipps의 팔에 접종했다. 6주 후, 실제 천연두를 제임스의 팔에 다시 접종했을 때 그가 천연두에 감염되지 않는 것을 보고 먼저 접종한 우두가 천연두를 예방하는 것을 실험적으로 증명했다. 즉, 제너는 천연두를 일으키는 두창 바이러스 대신 이와 비슷하지만 사람에게는 증상을 심하게 일으키지 않는 우두를 접종함으로써 부작용은 줄이고 면역을 유도하는 방법을 발견했다. 이러한 임상시험은 1799년 출간된 그의 저서 『우두 백신의 원인과 결과에 관한 연구An Inquiry into the Causes and Effects of the Variolae Vaccinae』에 기록되었고, 이 안에는 23개의 우두 감염으로 인한 천

●　현대 백신 개발 과정에서 백신의 효과를 평가하기 위해 자발적으로 참가한 건강한 피험자에게 백신을 접종한 후, 해당 질병의 병원체에 고의적으로 노출시켜 감염 방지 효과를 관찰하는 연구 방식

연두 예방 사례가 담겨 있다. 그중 16번째 사례가 사라 넴스, 17번째 사례가 제임스 핍스가 되었다.

사실 우두에 대한 제너의 집요한 관심과 체계적인 정리가 있기 전부터 우두 감염을 통한 천연두 예방은 농장 사람들에게는 원리를 설명할 수는 없지만 이미 직접 몸으로 경험한 일이었다. 제너의 발표 이전인 1774년 영국 남서쪽의 옛 민스터에 살던 벤자민 제스티Benjamin Jesty는 지역적으로 천연두가 유행하자 직접 소의 고름을 짜 자신의 아내와 두 아들의 팔에 접종했다. 그 후 제너의 우두법이 발표되자 자신의 오랜 경험을 주장했고 이를 입증하기 위해 원조 우두백신연구소Original Vaccine Pock Institute(OV-PI)에 아들을 데려가 천연두를 직접 접종했다. 결과적으로 아들이 자신이 접종한 우두로 인해 예방된 것을 증명했고, OVPI로

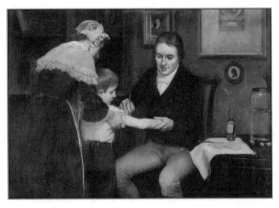

제임스 핍스의 팔에 우두를 접종하는 에드워드 제너

1부 현대 이전의 세균학과 백신 개발의 시초

부터 그의 업적을 인정받았다. 제스티는 제너와 같은 의학자가 아니라 논문으로 자신의 우두 접종에 대한 기록을 남기진 못했지만 그가 OVPI에서 구두로 입증한 우두 접종에 대한 내용은 《에든버러 의학 외과학 저널Edinburgh Medical and Surgical Journal》에 게재되어 역사에 기록되었다. 이 모든 일들은 바이러스의 존재나 면역 기작과 백신의 원리를 모르던 때에 일어난 일이다.

1905년 이탈리아 미생물학자 아델키 네그리Adelchi Negri는 일반 세포보다도 작은 크기로 필터를 통과하는 '백시니아 바이러스'를 발견했다. 이 백시니아 바이러스는 1913년이 돼서야 실험실에서 배양되었다. 그 후, 1922년 고속 원심분리를 통해 정제되어 우두와 유사한 특성을 가졌고, 천연두와 같은 질병을 예방하는 데 효과적인 면역반응을 유도한다는 사실이 드러났다. 현재 우리가 알고 있는 천연두의 백신주가 바로 이 백시니아 바이러스다.

사람에게 천연두를 일으키는 두창 바이러스와 이보다 부작용은 낮지만 꽤 안전한 방식으로 천연두에 대한 면역을 유도할 수 있었던 우두 바이러스 다음으로 현재의 천연두 백신주로 사용되고 있는 백시니아 바이러스의 등장은 당시 과학자들의 궁금증을 불러일으켰다. 이는 이미 천연두의 원인으로 밝혀진 두창 바이러스도 우두 바이러스도 아니었기 때문이다. 그렇다면 과연 제너의 백신은 정확히 어떤 바이러스로 이뤄졌던 것일까? 1939년 영국의 앨런 와트 다우니Allan Watt Downie 박사는 제너의 우두 접종에 사용된 바이러스와 자연적으로 소에게 감염되는 우두 바이러스가 서로 다르다는 것을 면역학적 관계를 연구해 밝혔다. 그의 이 연구는 수많은 과학자들과 그동안 우두 접종에 애를 쏟았던 이들을 당황하게 만들었다. 그렇다면 과연 지난 150년간 수백만 명이 팔에 접종한 것은 무엇이었다는 말일까?

여기 또 혼란을 주는 한 연구 결과가 있다. 메릴랜드 대학의 바이러스 학자인 호세 에스파르자Jose Esparza 박사와 독일 연구팀은 전 세계의 박물관과 실험실에 보관 중인 천연두 백신을 수집해 그 안에 포함된 유전자 서열을 분석하기 시작했다. 그들은 1900년대 초반에 생산된 15개의 백신 샘플을 수집해 유전자를 추출하고 게놈 서열을 분석했다. 최근에는 미국 필라델피아의 1902년 상업적으로 생산된 천연두 백신을 분석했는데, 그 결과 당시 필라델피아에서 생산된 천연두 백신이 우두가 아닌 마두 바이러스와 매우 유사하다는 결론을 발표했다.

이후, 캐나다 연구진들은 필라델피아의 무터Mutter 박물관에 전시 중인 남북전쟁 시대의 천연두 백신 키트를 분석했다. 이 키트의 DNA를 메타지놈Metagenome●으로 분석한 결과, 대부분은 진핵생물(그중 인간 DNA가 80%)이었으나 약 0.3~2%의 유전자가 백시니아 바이러스로 밝혀졌다. 그중 3개의 키트에서 인간

●　특정 환경에서 존재하는 모든 미생물의 유전체 정보를 한꺼번에 분석하는 방법으로 이를 통해 미생물 군집의 구성과 기능을 파악할 수 있으며, 배양이 어려운 미생물도 유전학적 분석을 통해 알아낼 수 있다.

　　1부 현대 이전의 세균학과 백신 개발의 시초

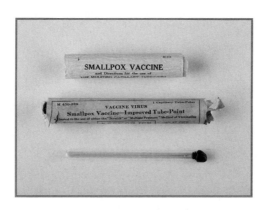

천연두 백신 키트

미토콘드리아 게놈을 재구성한 결과, 유럽계 여성으로부터 백신이 생산된 것을 알 수 있었다. 남북전쟁 당시 백신을 만들던 방법은 백신을 접종한 사람의 고름(림프)을 채취해 키트 형식으로 만들어 다른 사람에게 접종하는 방식이었다. 이들은 1902년 상업적으로 생산된 천연두 백신과 유전적으로 유사할 뿐만 아니라, 1976년 몽골의 마두 바이러스와도 유사한 것으로 나타났다. 이러한 천연두 백신의 게놈 분석은 적어도 일부 백시니아 바이러스의 유전자가 마두 바이러스로부터 진화했음을 나타낸다. 바이러스의 존재를 알기 전 백신의 생산 방법은 백신주를 보존하고 생산하기 위해 인간과 동물 숙주인 말 사이를 오가며 유전자 전달 및 재조합을 일으키는 과정이었을 것으로 보고 있다.

사실 마두 바이러스와 제너의 천연두 백신 사이에 연관성 또한 그의 저서 『우두 백신의 원인과 결과에 관한 연구』에 기록되어 있다. 그는 마두 바이러스에 감염된 말의 뒷굽치 병변이 천연두 예방에 효과를 보였다는 7가지 다른 사례를 조사했고, "이 질병은 말에서 젖소의 유방으로, 그리고 젖소에서 인간으로 진행된다"라고 책에 남겼다. 당시 소의 우두 바이러스 감염은 산발적으로 일어나는 일이었기에 천연두 백신 접종을 위해 제너가 우두가 아닌 유럽 전역에서 유행하던 말의 림프액을 사용했다는 기록도 있다. 또한, 실제로 그는 지속적으로 림프를 얻기 위해서 우두에 한 번 걸린 사람의 팔에서, 접종을 받는 사람의 팔로 림프를 접종하는 '암-투-암Arm-to-arm' 방법을 사용했다고 알려져 있다.

유전적 관점에서 천연두 백신인 백시니아 바이러스가 마두 바이러스와 가깝다면, 우리는 소를 의미하는 Vacca라는 영단어가 들어가 만들어진 백신Vaccine이라는 단어를 '에콰인Equine'으로 바꿔야 하는 것 아닐까?

우두법 방식의 전파

여기서 우리는 천연두 백신의 세계 전파와 대량생산을 들여다볼 필요가 있다. 제너의 연구가 지지를 받으면서, OVPI의 설립자 조지 피어슨Georgi Pearson은 1799년 이 연구소를 중심으로 백신 림프를 공급하기 시작한다. OVPI는 오스트리아로 림프를 보냈고, 런던의 천연두 및 예방 접종병원은 프랑스로, 프랑스에서 스페인으로 백신 림프를 보냈다. 제너의 림프는 영국의 식민지로도 보내졌다. 1800년에는 백신 림프가 영국에서 미국 보스턴으로 보내졌고, 이탈리아의 진 데 까로Jean de Carro는 자연적으로 발생한 소의 림프를 배포해 300회 이상의 예방 접종 실험에서 천연두 예방에 효과를 보이는 것을 확인했다. 그들은 그 후 튀르키에, 그리스, 프로이센 및 동유럽으로 림프를 보냈고, 나아가 이라크와 인도 봄베이까지, 인도에서는 인도양의 작은 섬으로 림프가 전달되었다. 림프를 여러 나라로 잘 공급하기 위해 이들은 실에 림프를 담가 건조하거나 유리 슬라이드에 건조시키거나, 상아 절편이나 새의 깃털을 사용했다. 그러나 짧게는 몇 달에서, 해를 넘기기도 하는 긴 항해에서는 이런 방법을 이용한 수송은 림프의 효능을 떨어뜨렸다.

마침내 1803년 영국 찰스 4세의 후원으로 왕립 자선 백신 원정대The Royal Philanthropic Vaccine Expedition가 스페인에서 출항했다. 원정대는 첫 해에는 스페인 식민지였던 아메리카 대륙과 아시아로, 1804년에는 베네수엘라에서 필리핀과 마카오로, 1805년에는 중국의 광저우로 림프를 전달했다. 당시에 백신을 대량생산하거나 오래 보관할 수 있는 방법이 없었기 때문에 이를 보완하고자 첫 항해에는 22명의 고아가 함께했다. 림프 감염을 통한 집단면역 효과를 가까이서 볼 수 있는 동시에 어린이에게서 특히 이런 면역반응이 효과적으로 나타나기 때문이었다. 이사벨 젠달Isabel Zendal이라는 간호사는 이 배에서 3살에서 9살에 이르는 어린이들을 돌보고, 어린이의 팔에서 팔로 림프를 감염시키며 목적지에 도착할 때까지 림프를 유지하는 일을 했다. 이러한 과정을 통해 왕립 자선 백신 원정대는 약 25만 명 이상의 사람들에게 천연두 예방 접종을 실시했으며, 백신 전달의 역할뿐만 각 나라의 예방 접종위원회와 예방의학이 설립되는 계기를 마련했다.

전 세계로 천연두 림프가 배포되긴 했지만 많은 이들이 사용했던 '암-투-암Arm-to-arm' 방법은 부작용을 동반했다. 팔에 상처를 내고 다른 사람의 고름을 옮기는 방법은 매독, 단독* 혹은 B형 간염 등의 혈액 매개 질환을 옮기는 역할도 같이 했기 때문이다. 1840년대 들어오면서 림프는 송아지에서 연속 계대를 통해서 전파되었고, 점진적으로 '암-투-암' 림프 생산을 금지하기 시작했으며, 이는 1898년 영국에서 마지막으로 금지되었다.

백신의 대량생산이 가능해지다

1866년 프랑스 의사들은 자연적으로 발생된 우두 림프를 혼합해 '보장시Beaugency 림프'를 만들었다. 보장시 림프는 동물 백신 연구소Animal Vaccine Institute에서 백신을 생산하기 위한 백신주로 사용되었다. 이때부터 동물을 통한 백신 림프 생산이 이뤄졌으며 림프 생산을 위한 품질관리, 동물의 나이, 접종 방법, 소독과 같은 부분을 주의 깊게 점검하기 시작했다. 독일의 경우는

● 　연쇄상구균이 감염되어 발병하는 질병으로 피부 발진이 특징적인 급성 감염병

　　　　　　　1부 현대 이전의 세균학과 백신 개발의 시초

1865년 송아지에서 림프 백신의 생산이 시작되었으며, 1874년까지 20개 이상의 주州에서 정부의 통제 하에 송아지 림프 백신 기관이 설립되면서 천연두 백신 강제 접종을 시작했다.

유럽은 국가의 통제와 관리하에 백신을 생산했던 반면, 그 무렵 미국은 개별 동물 농장들이 백신 농장으로 탈바꿈하기 시작했다. 1870년에 보장시 림프를 건네받은 미국의 프랭크 포스터Frank Foster는 최초로 백신 림프를 생산하기 시작했고, 수익성이 있다고 판단되자 전국의 농장으로 확대 생산했다. 당시 펜실베이니아에는 암소 500마리 이상을 소유한 대형 백신 농장이 있었고, 뉴욕시 보건국은 지방자치정부 중 유일하게 자체 백신 생산 시설을 갖추었다.

19세기는 천연두 백신과 관련해 혼돈의 시대였다. 전 세계적으로 백신 림프를 보내고 받고, 여기저기서 받은 림프를 다시 혼합하고, 사람이나 소 혹은 말에 감염시키고 대량생산하는 일들이 활발하게 일어났다. 바이러스의 존재나 유전자에 대해서 몰랐을 당시, 눈에 보이지 않는 바이러스는 유전적으로 혁명적인 변화를 겪은 것으로 보인다. 이 시기 동안 백신 림프인 백시니아 바이러스는 다양한 종Strain의 유전자 풀gene pool로 진화했으며 과학자들은 이 시기를 통해 우두 바이러스도, 마두 바이러스도, 천연두 바이러스도 아닌 백시니아 바이러스가 고유의 계통 발생 군집을 이뤘다고 예상하고 있다.

천연두 백신 생산은 1960년대에 WHO의 주도로 현대화에 들어간다. 약 45개국의 67개 백신 생산시설 대부분은 송아지를 사용했고, 몇몇은 양이나 물소를 이용했다. 그중 3개의 시설은 세포배양이나 계란 배아을 사용했다. WHO는 천연두 백신 생산을 표준화하고 널리 사용하고 있는 4가지 균주로 천연두 박멸을 위한 예방 접종 캠페인에 나섰다. 1980년 5월 천연두 백신은 바이러스와의 싸움에서 인류에게 '천연두 종식'이라는 승리의 깃발을 안겨줬다. 제너는 천연두 예방을 위해 우두나 마두 등의 다른 종의 바이러스가 교차면역을 일으킬 수 있다는 것을 실험적으로 증명해 위대한 업적을 남겼다. 제너로부터 시작된 약 200여 년간의 천연두와 인간의 싸움에서 소는 그 처음부터 마지막까지 함께했다. 이로써 우리가 현재의 백신을 '이콰인 Equine'이 아닌 '백신 Vaccine'이라 불러야 할 이유가 충분하다.

4
20세기,
끝나지 않은 천연두와의 싸움

●

제너의 우두법에서 시작된 천연두 백신은 시간이 지나면서 더 안전하고 효과적인 형태로 발전했고, 백신의 대량생산과 장기 보관이 가능해지면서 점차 천연두 박멸에 관한 희망이 보이기 시작했다.

그러나 한때 서구를 휩쓸고 간 천연두의 저주는 20세기에도 계속되었다. 미국과 유럽, 아프리카, 남미, 그리고 한국도 예외가 아니었다. 1950년대 한국 전쟁 당시에 한국에서는 약 만 명이 천연두로 인해 사망했을 만큼 주변에서 죽거나 혹은 피부에 상처가 곰보로 남은 것을 직접 봤던 옛날 어린이들에게는 천연두가 큰 재앙이었다.

20세기, 끝나지 않은 천연두와의 싸움

1966년 당시 소련 보건부 차관이던 빅토르 즈다노프Viktor Zh-danov는 천연두 박멸 프로그램 도입을 제안했다. 즈다노프는 이미 1958년 제11차 세계보건총회 연설에서 천연두 박멸을 위한 국제 협력 계획global initiative을 구축할 것을 주장했다. 이러한 그

의 제안은 '제11차 세계보건총회 결의안 11.54 Resolution WHA11.54'
로 발전되었다. 전 세계 천연두 박멸 프로그램의 필요성에 대한
조사, 전 세계에서 사용 가능한 대량 백신 확보, 백신 접종자 훈
련, 장기간 보관 및 열대지방에서 사용하기 용이한 내열성 천연
두 백신의 확보 및 백신 접종으로 발생할 수 있는 부작용을 피
할 수 있는 조치 등을 WHO에서 주도하도록 했다. 또한 즈다
노프는 전 세계가 함께 힘을 모아 노력하면 10년 안에 천연두
를 박멸할 수 있다고 주장하면서 소련이 2천 500만 회의 천연두
백신을 저소득 국가에 기부하도록 노력했다. 하지만 이렇게 시
작된 글로벌 천연두 백신 접종 프로그램에도 불구하고 백신 접
종만으로는 천연두 재유행의 확산을 막기가 쉽지 않았다. 이 과
정에서 개인의 단순 백신 접종을 넘어 천연두 환자를 격리하고
1차, 2차, 3차 밀접 접촉자를 찾아내 격리와 백신 접종을 동시
에 하는 전략인 포위 접종의 중요성이 대두되었다. 이는 1977년
WHO가 이끌었던 '글로벌 예방 접종 프로그램'을 통해 세계적
으로 관리되기 시작했다. 글로벌 예방 접종 프로그램을 통해 천
연두 발병을 신속하게 식별하는 포위 접종 Ring vaccination이 집중
감시 과정을 통해 이루어졌다. 포위 접종은 확진된 천연두 환자
와 접촉한 사람들에게 백신을 접종하는 방법으로, 1차 접촉자뿐
만 아니라 2차 접촉자까지 확장시켜 백신 접종을 하는 원리다.
이를 위해서 철저하고 신속한 감시와 역학조사가 필요했다.
　　포위 접종 전략을 주장했던 당시 WHO 나이지리아 담당자

(이후 미국 질병통제예방센터장을 역임) 윌리엄 페기William Foege는 이 전략은 집에 불이 났을 때 마을 전체가 아닌 불이 난 집과 그 주위에 물을 뿌리는 원리와 같다고 이야기했다. 그는 마을을 다닐 때마다 천연두 발진이 있는지를 확인하기 위해 사람들의 얼굴을 계속 보고 다녔다고 회상했다. 그의 포위 접종 전략은 천연두가 발생한 위치를 찾는 데 초점을 둔 방법이다. 즉, 광범위하게 불특정 다수에게 백신 접종을 하는 것이 아닌 이미 천연두가 발병된 지역의 한정된 인원을 대상으로, 제한된 백신을 효과적으로 공급하는 것이 목적이었다. 이를 위해서 천연두 감염 의심자에 대한 신속한 진단과 그 결과에 대한 데이터베이스를 기반으로 실험실 보고 시스템을 구축했다. 또한, 감염된 개인을 식별하기 위한 관할 구역의 이동식 파견팀을 구성하고 어디서든지 의심 환자가 나타나면 현장에 나가 역학조사를 수행해 얼마

빅토르 즈다노프(좌)와 윌리엄 페기(우)

나 많은 사람들이 천연두에 노출되었을지를 분석하고 신속하게 백신 접종을 이뤄냈다. 이 전략은 지난 서아프리카의 에볼라 발병 당시에도 사용되었다. 모든 바이러스 질병에 이 방법을 적용하면 좋겠으나, 아쉽게도 천연두나 에볼라처럼 눈으로 식별되는 발진이나 출혈 등의 증상이 없는 경우에는 사용할 수 없는 방법이다. 더군다나 코로나19와 같은 무증상 감염률이 높은 경우에는 더더욱 사용할 수 없다.

지구상의 마지막 천연두 환자

미국은 천연두 박멸 프로그램이 시작되기 전인 1952년, 유럽은 1953년에 천연두가 더 이상 발생하지 않는다고 공표했다. 남미, 아시아와 아프리카에서는 천연두가 계속적으로 발생되었고, 천연두 박멸 프로그램을 통해 남미에서는 1971년, 아시아에서는 1975년, 아프리카에서는 1977년 마지막 환자를 끝으로 그 막을 내렸다.

아시아의 마지막 천연두 환자는 1975년 감염된 방글라데시의 3살 난 라히마 바누Rahima Banu였다. 바누의 발진을 발견한 이웃의 8살 소녀는 이를 지역 천연두 박멸 프로그램에 보고했고, 바누는 24시간 동안 집에 격리되

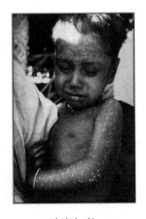

라히마 바누

1부 현대 이전의 세균학과 백신 개발의 시초

었다. 이후 프로그램 담당자들은 5마일 이내의 모든 집, 학교 및 치료시설 등을 방문해 접촉자들에게 백신 접종을 했으며 더 이상의 천연두가 전파되지 않도록 노력했다.

아프리카의 마지막 환자는 소말리아의 알리 마오 말린Ali Maow Maalin이었다. 말린은 1977년 천연두에 감염된 지인들과 함께 차를 탔다가 독성이 약한 천연두Variola minor에 감염이 되었다. 그가 천연두에 확진되자 천연두 박멸 프로그램팀은 역학조사를 통해 2주 동안 약 5만 5천 명의 사람들에게 백신 접종을 했으며 다른 천연두 감염 사례가 있는지 면밀하게 관찰했다. 병원 요리사였던 말린은 천연두에 감염된 이후 천연두 마지막 자연 감염자이자 생존자로서 자신의 삶을 백신 캠페인을 위해 쏟기로 결정하고 소아마비 백신 캠페인에 헌신했다. 어린 시절 주사 바늘이 무서워서 천연두 백신을 맞지 않았던 그는 자신의 경험을 바탕으로 소아마비 백신의 중요성을 소말리아 어린이들에게 이야기했다. 가족들에게는 소아마비 백신의 안전성을 입증하기 위한 활동을 했다. 그는 백신 캠페인 일을 하던 중 말라리아로 사망했다.

아프리카에서 마지막 천연두 환자가 발생한 후 전 세계는 천연두 박멸을 목전에 두고 있었다. 그러나 1978년, 예상치 못한 곳에서 천연두 환자가 또 발생했다. 영국 버밍엄 의과대학의 헨리 베드슨Henry Bedson 교수는 천연두를 연구하는 미생물학자였는데 그와 같은 건물에서 일하던 의학 사진작가 자넷 파커Janet Parker가 천연두로 사망한 마지막 환자가 되었다. 파커의 천연두 감염으로 인해 260여 명이 즉시 격리되었고, 약 500명에 이르는 사람들이 천연두 백신 접종을 받았다. 파커의 천연두 감염에 대한 정확한 경로는 아직도 제대로 밝혀지지 않았다. 언론에서는 실험실 안전에 대한 이야기로 베드슨 교수와 연구원들을 비난했고, 관리 노조에서는 유전자 조작으로 인한 감염이었다는 주장들이 대두되면서 베드슨 교수는 자살로 생을 마감했다.

WHO 조사에 따르면 베드슨 교수의 실험실은 안전 기준을 충족하지 못했음에도 천연두 연구를 지속했으며, 연구원들은 이에 대한 특별한 안전교육을 받지 못했다. 또한, WHO가 천연두 박멸을 앞두고 천연두 실험 연구를 축소할 것을 예상하고 자신의 연구를 WHO에 축소 보고했다고 한다. 보고서에 따르면 파커는 증상이 나타나기 바로 전 베드슨 교수의 실험실에서 연구하고 있던 천연두 변종에 감염되었다고 결론이 났다. 보고서에서는 파커의 감염에 대한 무게를 환기구를 통한 공기 감염, 개인적인 접촉이나 오염된 기구와의 접촉 중 공기 감염설에 두었지만 법원에서는 이를 받아들이지 않았다.

전지구적 노력에 의한 천연두 박멸

1980년 5월 8일, 제33차 세계보건총회에서는 "세계와 모든 국민이 천연두로부터 자유를 얻었다"고 발표하며 천연두 박멸을 공식적으로 선포했다.

사실 천연두는 다른 질병에 비해 박멸되기 좋은 조건을 가지고 있었다. 첫 번째로 그 증상이 눈에 잘 띄었다. 인류가 최근 겪은 코로나 바이러스의 경우는 호흡기 감염 증상이 일어날 수도 혹은 무증상일 수도 있는 반면에 천연두는 몸 전체에 나타나는 발진을 통해서 눈으로 쉽게 확인이 가능했기 때문이다. 두번째로 처음 천연두에 노출된 후 증상이 나타나기까지 7~17일이라는 잠복기 이후에 발진이나 접촉을 통한 감염이 되기 때문에 넓게 퍼져나가기 쉽지 않았다. 세 번째로 천연두의 숙주는 인간이 유일했다. 예를 들어 모기가 매개체인 황열병의 경우는 인간과 원숭이를 감염시킬 수 있기 때문에 백신 접종을 통해 인간의 황열병이 박멸되었더라도 황열 바이러스에 감염된 원숭이와 매개체인 모기를 통해 언제든 또다시 인간에게 감염될 수있는 가능성이 높다. 그러나 천연두는 종간 전파의 증거가 없었으며 유일한 숙주인 인간을 제외하고는 숨을 수 있는 곳이 없었다. 마지막으로 천연두에 감염되었거나 백신을 접종받은 경우 천연두에 대한 평생 면역이 생성되었다.

젯 인젝터에서 분기바늘까지의 혁신들

전 세계가 동시에 벌였던 천연두 박멸 프로그램의 화려한 폐막 뒤에는 드러나지 않았던, 아주 작은 혁신의 흔적이 있다. 근육이 아닌 피내에 접종해야 하는 천연두 백신 접종에는 젯 인젝터Jet Injector라는 분사형 주사총을 사용했는데, 교차오염의 위험성과 고비용이라는 단점이 있었다. 이에 와이어스 연구소

Wyeth Laboratories 미생물학자였던 벤자민 루빈Benjamin Rubin 박사는 기존 주사기 바늘을 대체할 수 있는 것들을 실험했다. 그러던 중 1965년 재봉틀 바늘의 구멍을 갈아서 두 갈래 포크 모양의 바늘 디자인을 고안해 냈다. 분기바늘Bifurcated needle이라고 부르는 이 바늘을 백신 용액에 담그면 모세관 현상에 의해 두 바늘 사이에 약 2.5마이크로리터의 백신 용액이 담기고, 이를 그대로 피부에 수직으로 15번 정도 찔러서 백신 접종을 하는 방식이다. 이 분기바늘은 젯 인젝터에 비해 약 ¼의 용량이 사용되었고, 백신 접종 의료진을 훈련하는 데는 15분이면 충분했다. 그렇게 하루 평균 500회 백신 접종을 통해 약 95% 이상의 접종률을 얻을 수 있었다. 결과적으로 루빈 박사와 와이어스 연구소는 WHO가 천연두 박멸을 위해 분기바늘을 자유롭게 사용할 수 있도록 특허권을 포기했다.

천연두가 지구상에서 자연적으로 발병된 지는 40년이 넘었다. 전염병의 전쟁에서 인간이 승리한 유일한 질병인 천연두는 작은 혁신들과 아이디어, 각 국가의 경제적 기부, 박멸을 향한 많은 이들의 육체적인 노동이 더해진 전 지구적인 노력으로 이룩한 성과다.

생물 무기로 재탄생할 수 있는 천연두

WHO의 천연두 박멸 선언 이후 전 세계는 천연두 예방 접종을 중단했다. WHO의 전문가 위원회는 전 세계 실험실의 천연두 바이러스 파괴를 권고했고, 모든 국가는 1981년 이 지침을 준수하겠다고 동의했다. 그 이후, WHO 전문가 위원회는 계속해서 모든 천연두 바이러스를 1999년 6월까지 폐기할 것을 권고했고, 보건총회는 이에 동의했다. 1998년 WHO는 미국 질병관리예방센터 Centers for Disease Control and Prevention(CDC)와 러시아 국립 바이러스 생명공학연구센터 State Research Center of Virology and Biotechnology(VECTOR)를 천연두 바이러스의 보관 장소로 지정했다. 현재까지 공식적으로 전 세계에서 이 두 연구소에만 연구 목적을 위한 천연두 바이러스가 보관되어 있다.

미국의 경우 1972년 이후 태어난 미국인은 천연두 백신을 접종받지 않았다. 그만큼 인류는 더 이상 천연두 감염으로 인한 자연면역이나 백신으로 인한 획득면역조차 갖고 있지 않다. 이런 이유로 종종 생물무기로서의 천연두 바이러스가 등장하곤 한다. 실제 미국은 911 테러 이후 탄저균을 이용한 생물무기 위협에 대한 대응을 준비했으며, CDC는 잠재적 생물무기가 될 수 있는 다양한 유기체와 질병을 분류했다*. 천연두는 탄저균, 페스트와 함께 카테고리 A에 속하며 카테고리 A는 미국에 존재하지 않는 병원체(밝혀진 적 없는 병원체 혹은 천연두처럼 지금은 박멸된 병원체를 의미한다)로 사람에게 쉽게 전파 및 전염되고, 사망률이 높아 사회를 공포에 빠뜨릴 수 있으며, 공중 보건 차원의 비

---

*   https://emergency.cdc.gov/agent/agentlist-category.asp

상대책이 필요한 병원체들이다. 천연두, 탄저균, 페스트, 보튤리늄독소증 및 야토병이 이에 속한다.

실제로 천연두 바이러스가 생물무기로서 사용된 적이 있을까? 적어도 천연두 바이러스를 무기로 사용했을 것이라는 추측은 기록으로 남아 있다. 1763년 영국 장군 제프리 애머스트Jeffrey Amherst의 통치에 반감을 가진 아메리카 원주민들이 영국군의 요새를 기습하며 '폰티액 전쟁Pontiac's Rebellion'이 시작되었다. 당시 영국군의 요새에는 천연두가 유행하고 있었고, 애머스트 장군은 그 천연두 바이러스를 아메리카 원주민들에게 보내 그들의 세력을 약화시킬 필요성에 대한 편지를 썼다. 영국군은 아메리카 원주민들에게 천연두 병동에서 가져온 담요 두 개와 손수건을 건넸다. 그 담요들이 직접적으로 아메리카 원주민들에게 영향을 주었는지를 역학적으로 분석할 수는 없었지만, 적어도 역사 기록에 의하면 아메리카 원주민들 사이에서는 1763년 봄과 여름, 천연두가 유행했던 것으로 드러난다.

천연두 바이러스 폐기에 대한 협약 이후에도 종종 오래된 실험실에서 천연두 바이러스를 담은 튜브가 발견되었고, 그때마다 WHO의 가이드라인에 따라 해당 바이러스 정체를 제대로 확인하고 폐기하는 절차들이 실행되었다.

천연두 바이러스를 비롯한 생물 무기 개발이 인류에게 미칠 위험을 인식하고 생물 무기 개발 및 생산할 수 있는 기술을 가진 모든 국가는 1972년 '생물 및 독성무기 협약Biological Weapons Convention'을 체결했다. 그럼에도 냉전 기간 동안에는 소련의 생물 무기 프로그램이 진행되었고, 소련의 실험실에서는 천연두 바이러스를 대량생산하고 미사일에 탑재할 수 있는 방법을 찾고자 노력했다는 증언들도 나왔다. 당시 소련의 우방국가였던 북한, 이라크, 이란 등의 국가들도 생물무기로서 천연두 바이러스를 보유하고 있을 수 있다는 주장도 제기되었으나 실제 검증되지는 못했다. 천연두는 쉽게 대량으로 생산할 수 있고, 백신을 생산할 때와 마찬가지로 동결 건조시킬 수 있다. 그렇기에 마치 탄저균을 담은 우편 봉투처럼 생물무기로서 사용될 가능성이 있다.

2부
현대에 들어선
백신

1
현대 백신의 탄생

●
●

인간은 늘 생명의 창조에 대한 의문을 갖고 살아왔다. 그리스 신화에서는 하늘의 신 우라노스와 땅의 여신 가이아의 결합으로 태어난 자식 중 프로메테우스가 흙으로 인간을 만들었다고 하고, 성경의 창세기에서는 하느님이 세상의 모든 것들을 창조하고 마지막 날 흙에서 사람을 만들고 모든 생물을 만들었다고 이야기한다. 그리고 그리스 최고의 과학자이자 철학자로 손꼽히는 아리스토텔레스는 생명은 신이 만든 것이 아닌 저절로 생성된다는 '자연발생설'을 주장했다. 땅에서는 부모 없이 벌레와 뱀이 스스로 생기고, 호수에서는 물고기와 개구리가 저절로 생긴다는 자연 발생설은 생명의 기원에 대해 의문을 갖고 있는 많은 이들에 의해 때론 지지를 때론 반론을 불러일으켰다.

실험실에서 만든 최초의 현대 백신

프랑스의 생화학자 루이 파스퇴르Louis Pasteur는 자신의 실험실에서 자연발생설에 대한 반론에 정점을 찍었다. 파스퇴르는 유리 플라스크의 목을 길게 늘어뜨려 백조의 목처럼 구부러지게 만들었다. 플라스크 안쪽에는 고기 국물을 넣고 가열했고, S 자로 늘어진 부분에는 물을 채워서 다른 생물들이 들어가지 못하게 막았다. 이를 장기간 보관하면서 고기 국물에서 미생물이 번식하는지를 관찰했다. 자연발생설이 맞다면 고기 국물에서는 자연적으로 미생물이 자랐어야 하는데 미생물은 자라지 않았고, 오히려 S자 부분의 유리관을 제거했더니 플라스크 안에서 미생물이 자라기 시작했다.

파스퇴르의 이 실험은 자연발생설의 오류를 실험적으로 증명함과 동시에 발효에 대한 연구에 박차를 가하는 계기가 되었다. 우리가 마시는 우유 상자의 겉면을 보면 늘 '저온살균'이라는 표시가 있다. 파스퇴르는 효모가 발효되어 알콜로 전환되는 과정이 화학적인 변화가 아닌 미생물 즉 효모의 생리 활동에 따른 부산물임을 밝혔다. 1864년 그는 와인의 알콜발효, 발효 중 발생하는 유기산을 먹이로 하는 다른 미생물로 인한 젖산 발효와 초산 발효에 대한 과학적인 개념을 수립했으며, 와인이 초산으로 산패되는 것을 막기 위해 1866년 우리가 익히 알고 있는 저온살균법Pasteurization을 확립했다. 60~65도의 저온에서 일정 시간 가열하면 대부분의 미생물은 죽어 와인이나 우유가 부패하지 않기 때문에 장기 보관이나 장거리 운반이 가능해졌다.

파스퇴르는 1877년 탄저균에 대한 조사를 시작하며 본격적으로 미생물 연구에 뛰어들었다. 당시 자연발생설을 믿었던 이들은 탄저병은 독성 식물, 흡혈 곤충 혹은 더운 날씨로 인해 발생하는 것이라고 생각했다. 파스퇴르는 로버트 코흐가 이전에 발표한 연구를 다시 확인하며 탄저병은 탄저균이라는 세균이 질병의 원인임을 밝혔다. 또한 당시 번식용 닭에서 유행하던 설사성 질병인 닭 콜레라Pasteurella multocida를 연구하며, 1878년 닭 콜레라의 원인 박테리아를 배양하는 데 성공했고 백신을 만들기 위해 이 박테리아를 닭에게 접종했다. 하지만 그가 배양한 콜레라균은 독성이 강해 박테리아를 접종한 모든 닭을 다 죽여버렸다.

어느 날 그는 조수에게 닭에게 신선한 콜레라균을 접종하라고 지시했지만, 조수는 이를 잊어버리고 휴가를 다녀왔다. 한 달 후에 돌아온 그는 오래된 콜레라균을 닭에게 접종했는데, 오히려 닭이 가벼운 증상만 보이며 살아남은 것을 발견했다. 파스퇴르는 이 결과를 보고 닭이 회복된 이후에 신선한 콜레라균을 접종했더니 콜레라 증상도 나타나지 않았고, 오히려 건강해진 것을 확인했다. 독성이 강했던 신선한 콜레라균이 시간이 지나면서 약독화되었고•, 파스퇴르는 약독화 백신을 실험실로 가져와 감염성 질환 연구의 혁명과 면역학의 태동을 가져왔다. 그는 이 약독화 방법이 다른 질병 치료에 확장되어 쓰일 수 있다고 믿었고, 다시 탄저균으로 관심을 돌려 탄저균을 약독화시킨 백신을 생산했다. 이 백신이 실제로 양과 다른 동물을 보호할

• 병원체의 독성을 약하게 만들어 원래보다 덜 해로운 상태로 변화시키는 과정이다. 약독화 과정을 거친 바이러스는 실제로 질병을 유발하지 않으면서 몸의 면역반응을 일으킨다.

수 있음을 증명하기 위해 1881년 많은 관중이 지켜보는 가운데 공개 접종 실험을 시행했다. 양 24마리, 염소 1마리, 소 6마리에게 탄저균 백신을 2회 접종하고, 대조군인 양 24마리, 염소 1마리, 소 4마리에게는 백신을 접종하지 않았다. 2번째 백신 접종 후 2주가 지난뒤, 모든 동물에게 독성이 있는 탄저균을 접종했고, 이틀 후에 군중들이 다시 모였다. 그의 탄저균 백신 실험은 성공적이었다. 대조군인 양과 염소는 모두 죽었으며, 소는 부어 오르고 열이 나는 증상을 보였으나, 백신을 접종한 동물들은 모두 살아남았다.

최초로 '백신'이라 불린 광견병 백신

파스퇴르는 이후 인간의 질병으로 영역을 넓혔다. 특히 동물과 인간 모두에게 영향을 미치는 광견병에 눈길을 돌렸다. 광견병은 사실 인간의 발병률은 높지 않았지만 오랫동안 많은 이들을 두렵게 하는 질병이었다. 광견병에 걸린 동물에게 물렸을 때는 증상의 잠복기가 긴 탓에 불에 달군 철로 물린 부위를 소작하는 것이 유일한 치료법이었다. 광견병 백신 개발은 탄저균이나 콜레라균처럼 쉽게 이루어지지 않았다. 박테리아처럼 현미경으로 질병을 일으키는 미생물을 구체적으로 식별하기 쉽지 않았고, 실험실에서 배양도 할 수 없었다. 이유는 광견병은 박테리아가 아닌 바이러스에 의해 발병하는 것이었기 때문에 당시 기술의 현미경으로는 관찰할 수 없었고, 박테리아 배양 방법으로도

2부 현대에 들어선 백신

숙주가 없기 때문에 불가능했다. 대신 파스퇴르는 광견병에 걸린 동물의 척수액을 다른 종의 동물에 주사하는 방법을 통해 바이러스를 약독화시켰다. 처음에는 원숭이, 그 다음에는 토끼에서 반복해서 접종함으로 약독화된 광견병 백신을 개발했다. 마침내 1885년 그는 광견병에 걸린 동물에게 물린 개에게 백신을 접종해 그 효과를 증명했다. 그해 여름, 이웃 마이스터Meister 부인이 다리와 손에 14군데 개에게 물려 걸을 수조차 없던 자신의 9살 난 아들 조셉 마이스터Joseph Meister를 데리고 파스퇴르를 찾아왔다. 물린 곳이 너무 많았고 상태도 좋지 않아 거의 죽을 것 같았던 조셉에게 파스퇴르는 광견병에 감염된

광견병 백신으로
현대의 백신 개념을 구축한
루이 파스퇴르

토끼로부터 얻은 백신을 점점 더 독성이 강한 용량으로 매일 접종했다. 놀랍게도 점점 조셉의 광견병 증상이 나타나지 않았고, 파스퇴르는 국제적인 영웅이 되었다.

현재의 광견병 치료 방법도 파스퇴르의 방법과 유사하다. 광견병 바이러스를 보유하고 있는 동물에게 물리면, 1차적으로 광견병 면역 글로불린을 주사해 면역 체계에 단기적인 강화 효과

를 제공하고, 두 번째 접종에서 광견병 바이러스 백신을 접종한 후 바이러스의 비정상적으로 긴 잠복기를 이용해 환자의 면역반응을 유도하는 방법이다. 광견병 바이러스는 파스퇴르가 조셉을 치료한 지 125년 만에 많은 국가에서 완전히 근절되었고, 물린 후 치료 성공률은 거의 100%가 되었다.

파스퇴르가 광견병 백신을 개발하기 전까지 백신이란 단어는 천연두를 위한 우두법만을 의미했으며, 이에 따라 광견병 백신을 '파스퇴르의 치료법'이라고 불러왔다. 그는 우두법을 창시한 에드워드 제너를 기리고, 인위적으로 약독화된 질병에 대해 "백신"이라고 명명해 오늘날 백신의 정의를 확립했다. 파스퇴르의 연구는 바이러스의 존재를 몰랐던 시절에 바이러스학을 발전시키고, 전 세계적으로 백신 연구를 촉진하는 데 기여했다. 그 후 수십 년간 인간의 치명적인 질병을 예방하기 위한 디프테리아, 페스트, 결핵, 황열병, 홍역, 유행성 이하선염, 풍진, 수두, 로타 바이러스 등의 약독화 생백신 개발에 영향을 주었으며, 인류의 건강을 지키는 데 크나큰 기여를 했다.

2
백신의 원리와 종류

　우리 몸의 면역은 몸 안으로 쳐들어오려는 병원체*들을 방어한다. 비특이적으로 가장 최전방에서 단단한 벽을 쌓고 있는 것은 피부, 소화기관 그리고 호흡기관과 그 분비물들이다. 어떤 외부 물질에도 반응하는 이 방어벽은 음식물에 대해선 위산과 연동 작용으로, 눈에 먼지가 들어갔을 때는 눈물을 흘리는 것처럼 즉각적인 반응을 나타낸다. 우리 몸에서 일어나는 첫 번째 면역반응을 선천적면역반응이라고 한다. 선천적면역은 자신과 다른 '비자기非自己'에 대항해 '비특이적'으로 외부로부터 침입해 들어온 항원을 제거하는 면역반응이다. 선천적면역의 반대는 후천면역 혹은 획득면역이다. 획득면역은 외부에서 들어온 침입자, 즉 특정 항원**에 대한 특이적인 면역반응을 이야기한다. 획득면역은 또 능동면역과 수동면역 2가지로 나뉜다. 능동면역은 외부

● 　인간 또는 동식물에서 감염성 질환을 일으키는 원인 생물체로 세균, 진균, 바이러스 등이 이에 속한다.

●● 　면역반응을 일으켜 특이 항체를 생산하도록 하는 물질로 일반적으로 생명체 내에서 이물질 혹은 비자기로 간주되는 물질을 일컫는다.

항원이 체내에 침입한 이후에 체내에서 생산되는 면역으로 그 중 '자연능동면역'은 직접 병원체에 감염되는 경우를 이야기하며, '인공능동면역'*은 백신처럼 실제 감염은 아니나 감염을 일으킨 것과 비슷한 상황을 만들어 면역반응을 유도하는 것이다. 능동면역의 반대는 수동면역이다. 외부에서 이미 생성된 면역을 체내에 넣어주는 것으로 '자연수동면역'은 모체면역이라고도 하며 산모로부터 아기에게 전달된 항체나 모유가 이에 해당한다. '인공수동면역'은 특정 병원체를 방어할 수 있는 이미 만들어진 항체를 체내에 주입하는 것으로 항체 치료제가 이에 해당한다.

능동면역과 수동면역의 차이점은 체내에서 직접 생성되는 면역인지 아닌지와 더불어 얼마나 체내에 남아 있는지와도 관련이 있다. 모체로부터 전달된 항체는 아기가 태어난 지 불과 2~3개월이면 사라지며, 항체 치료제도 영구적으로 체내에 남아 있지 못한다. 그러나 능동면역은 면역반응이 일어나는 과정에서 기억 면역 세포를 분화시켜 이후에 동일한 항원이 체내로 들어왔을 경우 빠르게 항원에 대한 항체를 생성하거나 감염된

●   대표적으로 천연두 박멸을 위해 제너가 실시한 우두법은, 천연두와 비슷하지만 증상은 약한 우두를 접종해 천연두 감염에 면역 체계가 대항할 준비를 할 수 있게 인공능동면역을 유도하도록 한 것이었다. 제너는 바이러스의 존재도 모르던 시절, 면역계에 대한 이해도 없던 시절에 이미 백신의 원리를 이용하고 있었다. 백신은 제너의 우두법 이후 1950년대 백신학의 황금기를 지나 코로나19로 상상했던 것들을 실현해 인류의 공중 보건을 위한 방패가 되었다.

2부 현대에 들어선 백신

세포를 사멸시킬 수 있는 세포성 면역 기작을 작동시킨다.

전통적인 방법을 이용한 백신

전통적인 방법의 백신은 살아 있는 바이러스나 세균을 접종하는 '생백신'이다. 바이러스의 경우 여러 번의 계대*를 통해 그 독성을 약화시켜 증상은 거의 나타나지 않으나 면역반응은 일으킬 수 있는 약독화된 바이러스를 접종하며, 이를 '약독화 생백신live attenuated vaccine'이라 한다. 직접 바이러스가 약하게나마 감염되는 원리이기 때문에 면역반응 측면에서는 가장 효과가 좋다. 바이러스의 감염 경로에 따라 폴리오 바이러스나 로타 바이러스처럼 장과 관련된 바이러스에 대한 백신일 경우 경구로 투여하는 백신도 있고, 호흡기 바이러스인 경우에는 비강으로 흡입하는 백신도 있으며, 근육으로 접종하는 생백신도 있다.

두 번째 전통적 방법의 백신은 '사백신Inactivated killed vaccine'으로 화학적, 물리적 처리 등을 통해 바이러스의 활성을 제거한 불활화** 사백신이라고 한다. 활성이 없는 바이러스의 단백질들이 체내로 들어가 바이러스에 대한 면역반응을 일으키는 백신이다. 예로 폴리오 사백신과 독감 백신이 여기에 속한다. 포르말린은

●   '대를 잇다'라는 뜻으로 주로 바이러스나 세포를 지속적으로 유지하기 위해 균주나 세포의 대를 이어가는 것을 이야기한다.

●●   열이나 포르말린 등 물리적, 화학적 처리를 통해 바이러스의 활성을 없애는 방식이다.

가장 오랫동안 백신의 불활화를 위해 사용되고 있는 물질이다. 최근 코로나19 백신(시토팜, 시노백) 개발에서는 불활화를 위해 베타-프로피오락톤^{beta-Propiolactone}(BPL)이라는 물질을 사용했으며 이는 광견병 백신을 포함한 다른 바이러스의 불활화를 위해 최근 들어 많이 사용되고 있다. 또한, 일정 시간 동안 열을 가해 바이러스의 단백질 변형은 일어나지 않지만 활성이 없도록 하거나, UV 등을 이용해 바이러스의 DNA를 분해하는 방법 등으로 불활화 백신을 개발하고 있다. 불활화 백신은 실제 바이러스가 감염되는 기작이 아닌 바이러스의 단백질에 대한 면역을 유도한다. 약독화 생백신에 비해 세포성 면역이 약하게 유도될 수 있으며, 이런 부분을 보완하기 위해 면역 증강제를 첨가한다.

실제 항원으로 사용될 수 있는 바이러스의 특정 단백질이나 그 단백질의 특정 부분을 유전자 재조합 기술을 통해 인공적으로 만들어 백신을 개발하는 방법은 재조합 단백질 백신* 혹은 재조합 서브유닛 백신이라고 불린다. B형 간염 바이러스에 대한 항독소를 만들어서 사용했던 백신도 이 원리를 이용한 것이며, 이렇게 만들어진 단백질은 실제 바이러스 구조와 동일하지 않을 수 있다. 이러한 점을 보완하고자, 대표적으로 최근 코로나19

●   특정 질병을 유발하는 바이러스나 세균의 단백질(항원)을 유전자 재조합 기술을 사용해 인위적으로 생산해 만든 백신이다. 바이러스나 세균 전체가 아닌, 면역반응을 일으키는 특정 단백질만을 사용해 체내에서 면역을 형성하게 만드는 원리다.

의 노바백스 백신은 그 원인이 되는 코로나 바이러스2^{SARS-CoV-2}의 스파이크 단백질을 합성하고 실제 바이러스의 스파이크 단백질의 3차 구조와 유사하게 나노파티클을 이용해 고정시켜 중화항체* 유도를 늘리고자 했다. 또 다른 재조합 백신의 종류는 바이러스 유사 파티클^{Virus-like particle}로 바이러스의 유전자 DNA가 없는 외피만 생산해 백신으로 사용하고 있다. 대표적인 것이 자궁경부암 백신이다. 이런 재조합 단백질 백신은 박테리아, 효모, 식물, 곤충과 포유류의 세포에서 다 발현시킬 수 있다는 장점이 있으며 항원력이 낮을 수 있어 면역 증강제를 사용해야 한다.

차세대 유전자 백신: mRNA와 DNA

코로나19는 바이러스 자체와 단백질에 의존하던 백신 개발을 넘어 유전자 백신이 가능하다는 것을 보여줬다. 유전자 백신은 mRNA** 백신과 DNA 백신으로 나뉜다. 바이러스가 숙주***의 세포에 들어가 자신의 유전 물질을 세포의 기작을 이용

- 바이러스가 세포에 감염되는 것을 막는 항체다. 면역계가 특정 바이러스의 표면 구조를 인식하면, 중화항체가 그 부위를 표적으로 삼아 바이러스를 비활성화시킨다. 백신은 이를 통해 효과적인 면역반응을 만들어낸다.
- 유전 정보를 전달하는 역할을 하는 RNA의 한 종류로, 세포내 DNA의 유전 정보를 단백질 합성을 위해 리보솜으로 운반하는 중요한 매개체다. 전사의 과정을 통해 DNA의 특정 유전자에서 만들어진다.
- 바이러스나 기생생물이 살아가고 증식하는 데 필요한 영양을 제공하는

해 증폭시키는 원리에 기반한 백신들이다. 모든 바이러스는 자신의 단백질을 만들기 위해 숙주 세포내에서 유전자가 mRNA 형태로 만들어져야 한다. 바이러스의 mRNA는 숙주 세포의 리보솜을 이용해 바이러스의 여러 단백질을 생성해 자손 바이러스를 만든다. RNA 바이러스의 경우는 자신의 RNA 유전자 자체가 mRNA로 숙주 세포에서 단백질을 빠르게 생산할 수 있어 단 시간 내 바이러스 복제가 가능하다. 이 원리를 이용해 mRNA 형태의 백신을 만들 경우 mRNA가 세포에 들어가 바로 항원 단백질을 만들어내고, 그 항원에 대한 면역반응을 유도하도록 하는 게 mRNA 백신의 원리이다.

mRNA는 단일가닥이기 때문에 불안정하며 세포로 들어가면 빠른 시간 안에 분해가 된다. 그래서 mRNA가 안정적으로 세포내로 전달되어 이에 대한 단백질을 만들어낼 수 있도록 지질 나노입자Lipid nanoparticle 안에 mRNA를 넣는 방법을 통해 이 문제를 해결했다. 외부의 RNA를 세포내로 삽입하는 이 기술은 2000년 대 초부터 관심을 받는 분야로 암 백신이나 인간 면역결핍 바이러스Human Immunodeficiency Virus(HIV) 백신으로 활용할 수 있을 것으로 기대됐다. 그러나 동물 실험에서 삽입된 RNA가 오히려 독성을 유도한다는 연구 결과로 그 희망이 사그라들었다.

생물체를 의미한다. 바이러스는 스스로 증식할 능력이 없기 때문에 반드시 숙주의 세포에 침투한 후 그 세포의 기구를 이용해 자신을 복제하고 증식한다.

2부 현대에 들어선 백신

2005년 과학자 커털린 커리코^{Katalin Karikó}가 mRNA를 이루는 우리딘^{Uridine}에 의해 특정 면역 수용체가 촉발되면서 독성이 생긴다는 것을 밝힌 이후 mRNA 백신 개발이 다시 활기를 찾았다.

이를 기반으로 2013년에는 호흡기 세포융합 바이러스^{Respiratory Syncytial Virus}(RSV)의 mRNA 백신 연구가 시작되었고, 2014년 에볼라가 창궐할 당시 mRNA를 이용한 에볼라 백신을 개발했지만 접종 대상자가 적어 생산까지 가지는 못했다. 2015년 미국 국립보건원^{National Institutes of Health}(NIH)과 모더나는 mRNA를 사용하는 백신 설계에 대해 협력했으며, 니파 백신, 메르스 백신에 대한 연구를 진행했다. 메르스 mRNA 백신을 위해 스파이크 단백질을 안정화시켜 백신 개발을 진행했으며, 니파 백신은 안정성 테스트를 위해 임상 1상이 진행 중이다. 현재는 mRNA 백신 기술을 통해 인플루엔자 바이러스와의 혼합 백신, HIV 백신 등 다양한 바이러스들을 예방할 수 있는 다가 백신 개발을 위해 노력하고 있다.

mRNA 백신의 가치는 코로나19를 거치면서 더 빛을 발했다. 바이러스의 어느 부분이 백신으로 효과적으로 사용될 수 있는지를 컴퓨터로 분석해 실험실에서 바이러스를 분리하고 배양하는 과정을 생략함으로써 변이에 따라 신속하게 백신을 설계하고 생산할 수 있는 플랫폼 백신으로서의 가능성도 보여주었다. 약 40년간의 mRNA 백신 개발에 대한 연구와 도전이 없었다면, 코로나19 상황에서 mRNA 백신을 위한 대담한 걸음을 내딛을 수 없었을 것이다.

DNA 백신은 양성가닥의 DNA로 이뤄져 mRNA 백신보다는 구조적으로 안정적이다. DNA가 세포내로 들어가 이를 주형으로 mRNA를 만들고, mRNA를 주형으로 항원 단백질을 생산하는 원리를 이용한다. DNA를 세포핵으로 전달해야 하기 때문에 일반적인 근육 주사가 아닌 전기천공법eletroporation•을 이용해 접종한다. 접종 부위에 전기천공기를 대고 세포막을 일시적으로 불안정하게 한 다음 DNA를 주입하는데 이 과정에서 생기는 통증에 대한 지적이 많다. 그러나 DNA가 세포내로 들어가 단백질을 합성할 수 있는 주형인 mRNA를 mRNA 백신보다 상대적으로 긴 기간 동안 생성할 수 있기 때문에 항원 단백질 생성 면에 있어서 효과가 좋을 것으로 기대되며 가장 큰 장점은 DNA의 높은 안정성과 박테리아를 통해 대규모 생산이 가능하다는 것이다. 그럼에도 현재까지 승인된 DNA 백신은 아직 없으며, 이노비오의 DNA 백신은 임상 3상에서 중단되었다.

• 세포에 강하고 짧은 전기자극을 가하면 세포막의 전위 차가 발생해 나노미터 크기의 작은 기공이 세포막 표면에 생성되는 현상을 의미한다.

2부 현대에 들어선 백신

벡터 백신

벡터 vector 백신은 인체에 영향을 거의 미치지 않는 바이러스들을 운반체로 사용해 벡터 바이러스 안에 특정 바이러스의 유전자를 삽입하는 백신이다. 크게 복제 불능 벡터, 복제 가능 벡터, 그리고 불활화 바이러스 벡터 이렇게 3가지로 나뉜다. 먼저 복제 불능 벡터 바이러스를 이용하는 백신은 벡터 백신의 복제를 위한 유전자를 일부 삭제해 체내에서 복제는 불가하며 대부분의 아데노바이러스(AdV), 백시니아(MVA) 바이러스, 파라인플루엔자 바이러스, 인플루엔자 바이러스 및 센다이 바이러스가 벡터로 사용된다. 복제 가능한 벡터를 이용하는 백신은 약독화 벡터 백신 바이러스를 통해 특정 바이러스의 단백질 발현을 유도하는 방식으로 인간에게 질병을 일으키지 않는 동물 바이러스를 벡터로 이용한다. 이러한 백신의 경우 벡터 바이러스가 복제되면서 강력한 선천성 면역반응을 유도하고, 일부는 점막을 통해 접종시킬 수도 있어 다른 백신에서 유도하기 힘든 점막 면역도 유도시킬 수 있다.

현재 미국 다국적 제약회사 머크 Merk 의 홍역 백신 균주와 중국 베이징 완타이 생물 의약품 연구소 Beijing Wantai Biological Pharmacy 의 인플루엔자 바이러스를 벡터로 이용하는 백신이 임상 1상 진행 중이다. 이러한 벡터 백신은 1972년 원숭이에서 발견된 'SV40(유인원 바이러스 40)' 연구로부터 시작되었다. 벡터 백신의 장점은 전통적인 단백질 백신에 비해 강력한 항체를 유도하고,

병원균에 감염된 세포를 제거하는 세포성 면역을 유도할 수 있으며, 면역 증강제를 사용하지 않고도 높은 면역원성을 유도할 수 있다. 경우에 따라 1번의 접종으로 면역반응이 오랫동안 지속되게 할 수도 있다. 아데노 바이러스 벡터를 이용한 연구는 1980년대부터 진행되어 왔으며, 희귀한 유전병을 치료하기 위한 유전자 치료에 대한 가능성을 가지고 개발되어 왔다. 지카 바이러스, HIV, 인유두종 바이러스Human Papillomavirus(HPV), 말라리아 백신에 대한 연구도 진행되고 있다. 2019년에는 머크에서 개발한 벡터를 기반으로 하는 에볼라 백신 얼버보Ervebo가 세계 최초로 승인되었다. 이 백신은 수포성구내염 바이러스Vesicular Stomatitis Virus(VSV)를 벡터를 통해 에볼라 바이러스의 외피 당단백질을 발현해 면역반응을 유도할 수 있는 백신 'rVSV-ZE-BOV'이다. 이 백신은 에볼라 바이러스 중 가장 치명적인 자이르Zaire형 에볼라 바이러스를 타겟으로 한다. 2020년 등장한 얀센의 에볼라 백신이 최초로 승인된 아데노 벡터 백신이며, 아스트라제네카, 얀센, 중국의 캔시노, 러시아의 가말레야가 코로나19 아데노바이러스 벡터 백신을 생산했다. 불활화 바이러스 벡터를 이용한 백신은 벡터 바이러스 표면에 특정 바이러스의 단백질을 발현시킨 후 불활성화시키는 백신이다. 벡터 바이러스에 대한 안전성이 보장되고 재조합 단백질처럼 항원의 양을 제어할 수 있다는 장점이 있으며 현재 전임상 단계에 있다.

백신 플랫폼은 그 필요에 맞게 계속해서 진화하고 있다. 바이러스 전염병은 더 이상 풍토병으로 국소적으로 머무르지 않는다. 도시화, 인구 증가, 기후위기 등 인류가 만들어낸 것들로 인해 자연과 환경이 변화하고 그에 따라 바이러스가 변하고 있기 때문이다. 현재까지 정복하지 못한 전염병뿐만 아니라 미래에 닥칠 또 다른 팬데믹을 준비하기 위해 다양한 백신 플랫폼과 그에 대한 안전성에 대한 연구가 꼭 필요하다.

3
마이크로니들

아기들은 태어나면서부터 엄마의 면역을 물려받는다. 즉, 자연수동면역(모체면역)을 지닌다. 신생아는 이를 통해 새로운 환경과 병원균으로부터 보호받는다. 이 자연수동면역은 약 2~3개월 정도 지나면 자연적으로 소멸되는데 백신의 효과가 필요한 시기는 이때부터다. 백신을 통해 약독화된 병원체나 단백질 등을 체내로 주입해 면역 체계를 강화시키고, 병원균에 대한 항체를 생산하게 하는 능동면역이 필요해진다. 국가의 권장 백신 접종 목록이 약간씩 차이가 나지만 대부분의 아기들은 첫 돌을 맞이하기 전 9번의 주삿바늘로, 그 이듬해에는 최소 5번의 주삿바늘로 백신 접종을 받는다.

미국의 경우 아이의 건강 상태에 따라서 해당 연령에 맞아야 하는 여러 가지 백신을 하루에 다 접종하기도 한다. 생후 2개월을 예로 들면 폴리오 백신, DTap(디프테리아, 파상풍, 백일해) 백신, B형 헤모필루스 인플루엔자 백신, 폐렴구균 백신을 주삿바늘을 통해 맞고, 로타 백신은 구강으로 주입한다. 소아과에서 아이들의 울음소리가 그치지 않는 이유는 이 주삿바늘에 있다고 해도 과언이 아니다.

바늘 공포증

캐나다 토론토대학 연구진은 2012년 8백 명 이상의 부모와 천 명의 자녀를 대상으로 바늘 공포증Needle Phobia에 대한 연구를 진행했다. 이 연구에 따르면 부모의 24%와 자녀의 약 63%가 바늘에 대해 공포심을 보였다. 뿐만 아니라 부모의 7%와 자녀의 8%가 권장 백신을 접종하지 않은 주요 원인으로 바늘 공포증을 꼽았다. 주삿바늘에 대한 공포는 비단 어린아이들에 국한된 이야기는 아닌 것이다.

권장 백신을 바늘 공포증 때문에 접종하지 않는다면 공중 보건학적 측면에서 개인과 사회가 위험에 빠질 수 있다. 이 바늘 공포증은 과학자들의 상상력을 자극했고, 최근에 미국의 몇몇 어린이 병원에서는 백신 접종 시에 가상현실을 이용한 백신 접종 임상시험을 시작했다. VR 헤드셋을 착용하고 백신 접종을 하는 방법으로 아이들은 VR을 통해 롤러코스터를 타기도 하고 바다의 풍경과 같은 영상에 집중하느라 주사기에 대한 공포나 통증이 감소되었다고 이야기한다. 또한, 어른의 경우는 VR을 통해서 미리 병원의 구조와 어떻게 주사를 맞는지에 대한 예행연습을 하므로 공포감이 감소되었다는 연구 결과가 있다. 그러나 VR을 통한 완충 요법은 모두에게 해당되는 방법은 아니다. 아주 어린 신생아나 VR에 민감도를 보이는 사람들은 VR을 착용할 수 없고, 살갗을 파고드는 뾰족한 통증까지는 VR이 100% 없애지는 못하기 때문이다.

마이크로니들의 탄생

1998년 조지아 공대 마크 프라우스티츠^{Mark R. Prausnitz} 교수와 연구진은 최초로 피부를 통해 통증 없이 약물을 전달하는 시스템인 마이크로니들을 개발했다. 마이크로니들은 그 이름처럼 눈을 크게 뜨고 봐도 보기 힘든 아주 작은 바늘을 이야기하며, 금속, 고분자 폴리머, 실리콘 같은 재료로 만들어진다. 우리 몸의 피부에는 가장 바깥에서 물리적 방어막 역할을 하는 각질층이 있고, 그 밑에 표피와 진피로 이루어져 있다. 주삿바늘을 이용한 대부분의 백신은 근육주사로 바늘의 길이가 길며, 바늘은 표피와 진피보다 더 안쪽으로 약물이나 백신을 전달한다.

마이크로니들은 근육 주사보다는 얇은 진피층을 타깃으로 한다. 첫 번째 이유는 다수의 미세바늘(50~900 μm)을 이용해 통증을 거의 느끼지 못하게 하는 것이며, 두 번째는 진피층의 항원 전달 세포인 수지상 세포와 랑게르한스 세포를 자극해 선천적면역을 유도하기 위함이다. 프라우스티츠 교수는 진피층으로 약물을 전달하기 위해 표피층(10~15 μm)을 통과할 수 있는 형광물질을 코팅한 마이크로니들을 만들었고, 4배 이상의 이 형광물질이 진피층으로 전달되는 것을 증명했다. 그러나 주삿바늘 하나에 최소 0.5ml 에서 1ml까지의 용액을 체내로 집어넣는 방법을 대체하기 위해서는 마이크로니들 한 개로는 부족하다. 그래서 대부분의 마이크로니들은 '어레이array' 혹은 '패치patch'라는 여러 개의 마이크로니들이 일정 간격으로 배열된 형태를 띤다. 마이크로니들의 모양과 각도 배열 형태에 따라 사용하는 재료들이 다르며, 이는 세계 곳곳의 연구진들의 기술과 특허로 무장된 비밀 병기이기도 하다.

마이크로니들은 백신이나 약물이 체내에 들어가는 방법에 따라 크게 4가지로 나뉜다. 첫 번째는 '솔리드 마이크로니들Solid microneedle'로 마이크로니들이 피부에 작은 구멍을 만들고 그 위에 약물을 도포하는 방식으로 피부에 흡수시키는 방법이나, 약물 양이 정확하지 않다는 단점이 있어 정확한 양의 약물이나 백신 전달에는 사용하지 않는다. 두 번째는 '코팅 마이크로니들 Coating microneedle'로 금속으로 만든 작은 마이크로니들에 점성을 띄는 백신 혹은 약물을 코팅하는 방법으로 피부에 접종하는 순간 코팅된 백신 혹은 약물을 피부에 용해시키는 방법이다. 세 번째는 '용해성 마이크로니들Dissolving microneedle'로 마이크로니들을 만드는 과정에서 폴리머, 당류와 약물 혹은 백신을 함께 섞은 뒤 마이크로니들의 단단한 형태로 만들어 피부에 접종하는 순간 피부 내로 약물 혹은 백신이 녹아서 흡수되는 방법이다. 네 번째는 '할로우 마이크로니들Hollow microneedle'로 우리가 일반적으로 알고 있는 주삿바늘의 축소판과 비슷하다. 즉, 속이 비어 있는 마이크로니들로 피부에 접종 시 약물 혹은 백신을 용액

형태로 주입하는 방식이다. 현재까지는 코팅 마이크로니들과 용해성 마이크로니들 일부가 미용 목적으로 상업화되었고, 백신의 경우 임상시험 중에 있다.

최근에 가천대 박정환 교수팀과 의료용 마이크로니들Microneedle 기술을 전문으로 하는 바이오 기업 퀴드메디슨Quadmedicine은 입자 부착 마이크로니들을 개발했다. 이는 백신, 단백질, 인슐린 등 피부내로 전달할 물질을 동결건조한 입자particle 형태로 마이크로니들에 부착해 빠른 시간 안에 피부내로 전달할 수 있으며, 마이크로니들을 만들기 위한 제형의 어려움을 극복할 수 있을 것으로 기대된다. 마이크로니들은 백신뿐만 아닌 약물 전달 분야에서도 유용하게 사용된다. 피부 미용이나 국소 마취제, 피임약, 혈당약 등 지속적으로 체내로 약물을 주입해야 하는 경우에 그 발전 가능성이 높다. 또한, 최근에는 거꾸로 마이크로니들을 이용해 체액을 피부 밖으로 나오게 만들어 결핵을 진단할 수 있는 방법도 개발되었다.

마이크로니들의 효용성

백신으로서 마이크로니들의 장점은 첫 째로 통증이 없다는 것이다. 앞에서 이야기한 주삿바늘 공포증을 완화시킬 수 있는 장점이 가장 크다. 두 번째는 개발도상국의 경우 대대적인 백신 캠페인을 통해서 발생되는 주삿바늘 폐기 및 재활용 문제 등을 해결할 수 있다. 또한, 주사처럼 훈련을 받은 의료 전문 인력의 도움 없이 환자나 보호자가 스스로 접종할 수 있다는 장점이 있다. 마지막으로는 백신 종류에 따라 백신을 유통하는 과정에서 일정한 온도(주로 저온 2~8℃)를 유지해야 하는 콜드체인Cold chain●이 필요 없거나 부피를 줄일 수 있다는 장점이 있어, 경제적인 비용이 감소할 수 있다. 일부 백신의 경우는 근육주사를 이용한 백신에 비해 적은 양의 백신이 높은 효과를 나타낼 수 있다는 연구 결과도 있어서 백신의 경제성을 높이는 효과를 가져 올 수도 있다.

바늘 공포증에 대한 이야기로 시작을 했지만 마이크로니들 연구는 사실 대표적인 융합 분야의 하나이다. 백신을 만드는 생물학적 과정과 마이크로니들의 구조와 재질을 다루는 분야, 임상시험의 의약학적 분야까지 다양한 협업이 필요한 연구다.

생물학적 제재를 허가하는 과정과 의료기기application 승인 절차가 통합되면서, 각국의 규제 기관들이 인허가에 대한 규정을 정립하는 데 아직 다양한 도전 과제가 남아 있다. 인플루엔자 백신과 홍역 백신, 풍진 백신의 경우는 임상시험을 진행 중이며, 위약 성분으로 만든 마이크로니들을 영아에게 접종한 결과 피부의 발진이나 부작용 등은 아직 보고된 바 없다. 로타 바이러스, 폴리오 바이러스, B형 간염 바이러스를 비롯해 최근에

● 온도에 민감한 물품이 온도 변화로 손상되지 않게 제어 및 모니터링하는 기술

는 SARS-CoV-2에 대한 마이크로니들 백신 연구가 활발히 진행되어 왔으며, 빌앤멜린다 게이츠재단과 국제 보건기술 연구소Research Investment for Global Health Technology Foundation(PATH)●에서는 마이크로니들 패치 이니셔티브를 만들어 이 연구들을 지원하고 있다.

마이크로니들 백신으로 소아과의 울음소리가 그치는 날이 다가오길 기대해 본다.

●   미국 시애틀에 본부를 둔 국제비영리단체로 기술 발전, 건강 행태의 변화, 보건의료 체계의 역량 강화 등을 통해 인간의 건강을 증진시키는 것을 목표로 전 세계 70여개국에서 활동한다.

3부
전 세계 어린이의
목숨을 구하다

1
인류를 위협한 홍역, 그리고 백신의 탄생

●

홍역Measles은 9세기 페르시아의 의사였던 아부 바크르 무함마드 자카리야 라지Abū Bakr Muhammad Zakariyyā Rāzī에 의해 기록되었을 만큼 오랜 역사를 가진 전염병이다. 공기를 통해 감염되고, 주로 1~5세 어린이들에게 많이 발병한다. 감염 초기에는 감기처럼 기침, 콧물, 결막염 등의 증상이 나타나며 구강 안쪽에 회색 혹은 흰색 코플릭 반점Koplik sopt이 나타나는 특이성을 지닌다. 또한, 대표적인 특성으로 고열과 함께 온 몸에 붉은 반점rash이 나타나며 이는 일반적으로 수 주 후에 완치되지만 면역계가 급격히 약화되어 중이염, 폐렴, 뇌염 등의 합병증이 발생하기도 한다. 특히 기존에 홍역에 감염되었을 경우 홍역 바이러스가 잠복하고 있다가 뇌에서 재활성되면 아급성 경화성 범뇌염 Subacute sclerosing panencephalitis, SSPE●이라는 심각한 질병으로 이어질 수도 있다.

16세기 신대륙 탐험이 시작되면서 홍역은 전 세계로 퍼져나

●   홍역 바이러스로 뇌의 염증을 동반하는 퇴행성 질환

갔는데 기존에 홍역 바이러스에 노출되지 않았던 페로 제도, 하와이, 피지와 같이 고립된 지역사회에 엄청난 영향을 미쳤다.

1758년 스코틀랜드의 의사 프랜시스 홈Francis Home은 홍역 바이러스는 혈액에서 검출될 수 있으며, 홍역에서 회복된 이후에도 평생면역이 가능하다는 사실을 발견했다. 그는 천연두의 인두접종variolation 원리를 모방해 홍역에 감염된 적 없는 사람들에게 홍역에 감염된 사람들의 혈액을 접종해 약하게 홍역을 일으키는 방법을 이용했다. 이 과정에서 홍역이 혈액을 매개로 전파될 수 있음을 발견했다. 무려 바이러스의 개념이 알려지기 100년 전에 이뤄낸 업적이다.

1912년 미국에서는 홍역 발생을 국가에 신고해야 하는 질병으로 지정했으며, 이후 10년 동안 매년 평균 6천 명의 홍역과 관련된 사망이 보고되었다. 1963년 홍역 백신이 개발되기 전까지 15세 이하의 아이들은 흔하게 홍역에 감염되었으며, 미국에서만 매년 300~400만 명이 감염된 것으로 추정된다. 이 중 약 400~500명이 사망했고, 약 천 명 정도는 홍역 감염으로 인한 뇌 부종을 앓았다고 보고될 만큼 홍역은 위험한 질병이었다.

소년의 바이러스가 만든
백신의 새로운 역사

1954년 미국 매사추세츠 주의 기숙학교에서 홍역 집단 발병이 일어났다. 가까운 보스턴 어린이 병원의 의사들은 감염된 학생들의 인후를 닦은 면봉 샘플과 혈액을 채취했다. 이들 중 의사 토머스 페블스Thomas Peebles와 존 프랭클린 앤더스John Franklin Enders는 13세 남학생 데이비드 에드모스턴David Edmoston의 검체에서 홍역 바이러스를 분리해 내는 데 성공했다. 바이러스가 실제 약하게 감염되어 면역을 유도해야 하는 약독화 생백신의 경우는 여러 번 세포나 동물에 감염을 반복한다. 앤더스는 이 홍역 바이러스를 인간 신장 세포, 인간 양막상피 세포, 닭 배아 세포 등에 감염시켰다. 그렇게 증식된 바이러스를 또 다른 세포에 감염시키는 계대passage 과정을 여러 번 반복해* 바이러스를 약독화시켰으며 에드모스턴의 이름을 따와 '에드모스턴-B' 백신주를 만들었다. 이를 계기로 앤더스는 '현대 백신의 아버지'라 불리게 되었다. 엔더스는 에드모스턴-B 홍역 바이러스로 백신을 개발했으며, 1958~1960년에 소규모의 어린이를 대상으로 백신 접종 테스트를 한 후 뉴욕시와 나이지리아에서 수천 명의 어린 아이들을 대상으로 대규모 백신 접종을 실시했다. 그 후 1963년 미국에서 최초로 홍역 백신이 허가되었고, 1966년 처음으로 아프리카에서 국제적인 백신 접종 프로그램이 시작되었다. WHO와 미국 국제개발처United States Agency for International Development(USAID)

● 약독화 백신의 계대 과정을 통해 독성이 약한 균주를 선별하는 방식으로 백신주를 개발한다. 대부분은 계대 과정에서 바이러스의 일부 유전자들의 변이가 일어나면서 독성이 약한 바이러스를 만들어내는 것으로 밝혀지고 있다.

및 CDC는 서아프리카와 중앙아프리카에 위치한 20개 이상의 신생 독립 국가와 탈식민지 국가의 정부와 협력해 천연두 박멸과 홍역 예방을 위한 대대적인 백신 캠페인을 주도했다.

이 백신은 포름알데하이드Formaldehyde라는 화학 물질을 물에 녹인 용액이자 주로 방부제나 소독제로 사용되는 포르말린을 이용해 바이러스 활성을 불활화시킨 백신과 약독화 생백신이었다. 불활화 백신의 경우, 3회 접종으로 개발되었으나 홍역에 대한 단기적인 보호면역만 유도했으며, 백신 접종 이후 실제 홍역 바이러스에 감염된 경우 장기간의 고열, 출혈성 혹은 수포성 발진 및 심각한 폐렴이 발생할 위험이 있어 실패했다.

효과가 좋은 백신은 바이러스 감염을 방어할 수 있는 중화항체neutralizing antibody를 충분히 유도하는 기억면역과 감염된 세포를 죽일 수 있는 세포성면역이 유도되어야 한다. 이 홍역 백신은 원숭이 실험에서 홍역 바이러스를 방어할 수 있는 중화항체를 충분히 유도하지 못했고, 기억면역이나 세포성면역을 유도하지 못했다. 후속 연구에 따르면 그 이유는 홍역 바이러스의 융합 단백질Fusion Protein이 포르말린으로 불활화되는 과정에서 그 형태가 변하면서 실제 바이러스의 융합 단백질에 대한 항체가 제대로 만들어지지 않았기 때문이다. 이에 따라 실제 바이러스 감염되었을 시 백신의 효과가 없었던 것으로 밝혀졌다. 약독화 백신의 경우 홍역 바이러스가 약하게 감염되어야 하는데, 이 과정에서 오히려 발열이나 발진 등의 이상반응이 나타났다는

3부 전 세계 어린이의 목숨을 구하다

점에서 한계를 보였다.

모리스 힐먼의 더 안전한 홍역 백신

당시 머크에서 일하던 백신학자 모리스 힐먼Maurice Hilleman 박사는 홍역 백신의 이상반응을 해결하기 위해 백신에 감마 글로불린 항체*를 함께 주입해 부작용을 완화시키는 방법을 개발했다. 1968년, 힐먼 박사는 병아리 배아 세포에 바이러스를 40번 반복 감염시켜 독성이 낮아 심각한 부작용을 일으키지 않고, 감마 글로불린 항체도 필요 없는 안전한 백신주인 '슈바르츠Schwarz' 백신주를 개발했다. 기존의 에드모스턴-B 백신주보다 더 약독화된 슈바르츠 백신의 도입 이후 감비아에서 홍역 백신의 효과는 드라마틱하게 나타났다. 감비아는 서아프리카 적도에 위치한 아주 작은 나라로 당시 전체 인구가 약 40만 명에 불과했다. 생후 6개월에서 36개월 사이에 있는 어린이의 약 96%가 처음 홍역 백신 접종을 받았다. 이동 백신 접종팀이 제트 분사 주사Jet-injector**를 이용해 전국 5개 지역의 백신 접종과 역학 연구를 수행했는데, 그중 백신 접종 이전엔 1,248건의 홍역 발병이 있었던 한

● 혈장 단백질의 한 종류이며, 바이러스 감염의 증상 경감을 위해 치료용으로 사용하기도 한다.

●● 대규모 백신 접종을 위해 사용하던 방법으로 분사총에 백신을 넣어 여러 명에게 빠르게 백신 접종을 할 수 있는 방법이나, 현재는 주사총의 반복 사용으로 인한 감염 위험 때문에 사용하지 않고 있다.

지역에서는 백신 접종 기간 동안 약 800건, 그 후에는 10건만이 발병했다. 1968년에 진행된 두 번째 캠페인 전에는 16건, 그 이후에는 1건도 발병하지 않았으며, 1969~1970년에는 각각 단 2건의 홍역이 발생했다. 감비아의 홍역 백신 캠페인은 단기간에 특정 지역에서 높은 백신 접종률을 이뤘을 때 단단하게 형성된 집단면역을 보여주는 좋은 예다.

아쉽게도 자금 부족으로 이 연구는 중단되었으며 1972년 홍역 백신 캠페인이 중단된 이후에 홍역은 다시 감비아를 찾아와 1977~1979년에는 매년 평균 약 2천 건의 홍역 사례가 보고되었다.

바이러스 감염 경로를 따라 개발된 에어로졸 백신

이후 발전된 연구를 통해 1983년, 소아마비 백신을 개발한 앨버트 사빈Albert Sabin이 에어로졸 홍역 백신을 개발했다. 이는 대량으로 많은 어린이들에게 홍역 백신을 접종하기 위해 실제 바이러스가 감염되는 경로인 호흡기를 통해 홍역 약독화 생백신을 접종하는 방법이었다. 공기 펌프를 통해 백신을 에어로졸 형태로 만드는 네블라이저로 접종하며 사람마다 마스크만 바꾸면 되는 간편한 방법으로 제트분사 주사기를 이용한 접종보다 효율적으로 접종할 수 있었다. 사빈은 이러한 방식으로 하루에 천 명에게 접종이 가능하다고 말하며, 경제적 효과를 빗대 그 당시에 멕시코 상파울루에 있는 약 만여 개의 백신 접종 센터에 에어로졸 백신 접종이 가능했을 경우 제트분사 주사로 한 달간 860만 건의 접종이 가능한 데 비해 에어로졸은 천 만건이 넘는 백신 접종이 가능했었을 것으로 예상했다. 실제 멕시코에서는 약 400만 명 이상의 어린이들이 대규모 캠페인을 통해 에어로졸 홍역백신을 접종받았고, 영유아 접종 과정에서 백신의 안정성과 면역원성이 입증되었다. 그러나 사빈의 임상시험에 1세 이하의 영아는 참여하지 않았으며, 사용되었던 네블라이저에 대한 허가 및 MMR 백신*의 등장으로 지속적으로 사용되지는 못했다. 그러나 현재도 홍역의 완벽한 퇴치를 위해 에어로졸 백신에 대한 연구를 지속하고 있는 연구자들이 있다.

유전적 안정성이 높은 백신

홍역 백신의 가장 큰 장점은 유전적 안정성이다. 1950년대부터 현재까지 전 세계 환자들로부터 분리된 바이러스의 유전자 분석에 따르면 홍역 바이러스의 단백질인 헤마글루티닌 Hemagglutinin(H)과 핵단백질 Neuraminidase(N) 유전자의 몇몇 염기서열이 변화되었지만, 이들의 변이는 바이러스 자체의 전체적인 변화를 일으키지는 않았다. 또한 오랫동안 분리된 홍역 바이

●   1971년 힐먼이 홍역과 유행성 이하선염(볼거리), 풍진 백신을 혼합해 개발한 3가 백신

러스들은 모두 백신 유도 항체에 의해 중화되는 것으로 나타났다. WHO에 따르면 1980년대에는 매년 약 250만 명의 어린이가 홍역으로 사망했으나, 2023년 홍역 백신 접종률이 83%에 도달하면서 홍역으로 인한 사망자 수는 약 10만 명으로 크게 줄었다. 특히 사망자의 대부분은 5세 미만의 백신 미접종 아동이었으며, 2000년부터 2023년 사이에 홍역 백신 접종으로 약 6천만 건 이상의 생명을 구한 것으로 드러난다.

2
항아리 손님에서 백신까지
: 유행성 이하선염 정복

한국의 전통 문화에서는 질병을 '손님'이라 표현했다. 질병을 일시적으로 찾아온 존재로 여기고, 정중히 대접하면 떠나갈 것이라는 믿음으로 각종 미디어나 무속 신앙에서 자주 사용하는 용어였다. 대표적으로 천연두를 '큰 손님'이라고 부르고, 상대적으로 가벼운 홍역이나 수두는 '작은 손님'이라고 불렀다. 또한, 볼이 항아리 모양처럼 빵빵하게 부풀어 오르는 유행성 이하선염Mumps은 '항아리 손님'이라 불렸다. 흔히 귀밑샘(이하선)이 붓는 증상 때문에 말 그대로 '볼'이 부어 오르고 '거리'를 겪고 지

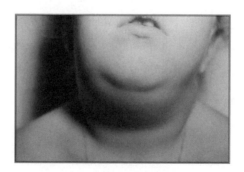

볼거리에 걸린 아이

나간다는 의미의 볼거리로 불리기도 한다. 바이러스에 감염되어 증상이 나타나기까지는 16~18일이지만 길면 25일 이후에도 증상이 나타날 수도 있다. 주로 발열, 구토, 근육통 및 피로가 먼저 두드러지며 이후에 볼 아래 쪽이 붓는 볼거리 증상이 나타난다. 대부분 2주 이내에 회복되지만 특히 성인의 경우 유행성 이하선염 감염으로 드물게 고환염, 난소염, 췌장염, 뇌염, 뇌수막염 및 난청 등이 나타날 수 있다.

유행성 이하선염의 과학적 발견

유행성 이하선염을 일으키는 바이러스는 파라믹소바이러스과Paramyxovirus로 루불라바이러스속Rubulavirus family에 속한다. 침샘이 붓는 독특한 증상은 기원전 5세기 히포크라테스의 임상 기록에도 남아 있다. 1790년에는 유행성 이하선염이 중추신경계에 감염되는 것을 인식하고 신경병리학적으로 접근했다. 1945년 칼 하벨Karl Habel이 유정란에서 유행성 이하선염 바이러스 배양에 성공하면서 초기 유행성 이하선염에 대한 과학적 이해와 치료 개발을 더욱 가속화시켰다. 이후 1948년에 존 프랭클린 엔더스John Franklin Enders와 그의 팀에 의해 첫 백신이 개발되었다. 이 백신은 약독화된 바이러스를 이용한 첫 번째 실험적 백신이었으나, 널리 상용화되거나 장기간 사용되지는 않았다.

한때 미국에서는 대부분의 청소년들이 유행성 이하선염에 감염되었다. 1967년 유행성 이하선염 백신 접종 프로그램이 시작된 이후 감염률은 99% 이상 감소했으나, 대학 및 교정 시설과 같은 사람들이 밀접하게 장기간 접촉하는 환경에서는 지속적으로 발생해 왔다. 2006년 이후 유행성 이하선염 발병이 증가했는데, 백신 접종을 하지 않은 경우 혹은 백신 접종을 했는데도 불구하고 항체가 감소하는 등의 이유로 감염되는 경우도 종종 있다고 보고되고 있다. 초기 유행성 이하선염 백신 개발은 높은 수준의 효능, 지속 기간 및 무병원성을 갖는 효과적인 백신 개발에 실패한 것이다.

딸의 볼에서 탄생한 제릴 린 백신

1963년 힐먼이 머크에서 백신 연구 개발을 감독하던 당시 그의 첫째 딸 제릴 린Jeryl Lynn이 한밤중에 아프다고 울면서 사무실을 찾아왔다. 턱 아래가 부풀어 오른 것을 보고 유행성 이하선염임을 알아차린 힐먼은 면봉과 검체통으로 제릴 린의 목을 긁어 검체, 즉 바이러스를 얻어냈다. 이 검체에서 바이러스를 분리하고 약독화시켜 현재까지 사용되고 있는 유행성 이하선염 바이러스 백신주를 만들었다. 이 백신주에는 유행성 이하선염을 앓았던 딸 '제릴 린'의 이름이 붙여졌다. 그날 밤 이후로 연구를 지속한 힐먼은 닭 배아 세포에서 바이러스를 배양하며 백신의 안전성을 위해 조류 백혈병에 대한 저항성을 지닌 닭을 찾으려 직접 농장을 찾아 다녔다. 그렇게 3년 만에 유행성 이하선염 백신을 상용화시켰다. 이는 코로나19 백신의 초고속 개발 이전에 역사상 가장 빨리 만들어진 백신이었고, 1967년에 상용화되었다. 이 백신을 처음 접종한 아이들 중 한 명은 제릴 린의 동생이자 힐먼의 둘째 딸인 크리스틴^{Kristen}이었는데, 언니에게 감염된 바이러스로 만든 백신이 동생에게 투여되는 역사적인 순간이었다. 이 백신주로 핀란드에서는 사백신이 개발되었으나 유행성 이하선염에 대한 보호면역은 유도된 한편, 면역의 지속성이 떨어졌다. 이에 힐먼은 약독화된 생백신의 중요성과 필요성을 더욱 크게 느꼈고, 나아가 백신의 안전성과 지속성을 높이기 위해 유행성 이하선염 백신 개발에 1959년부터 다시 매달렸다.

홍역 생백신 개발이 한창이던 시절, 그는 홍역, 유행성 이하

젤릴 린 백신을 맞는 크리스틴

선염, 풍진, 수두 및 A형 간염을 포함하는 다가 백신*을 만들 경우 소아 백신학의 새로운 시대를 열 것이라고 생각했다.

안전한 백신을 향한 집념: 힐먼의 도전

약독화 생백신의 경우 여러 번 계대를 통해 약독화시키기 때문에 적당히 약독화를 시키며 면역원성을 유지하는 기준을 찾기가 쉽지 않다. 특히 유행성 이하선염 바이러스의 경우 이 기준을 찾는 과정이 특히 어려운 문제였다. 현재의 기술은 바이러스를 약독화시킬 수 있는 부분을 특정해 인공적으로 백신을 만들어낼 수 있지만, 당시에는 어떻게 바이러스가 약독화되는지에 대한 유전학적인 연구도 할 수 없던 때였다. 힐먼은 이 조건을 찾기 위해 수없이 많은 병아리 배아와 세포배양 실험을 거치며 면역원성을 가지나 임상적인 증상을 나타내지 않는 바이러스, 즉 인간이나 동물에게 질병을 일으키지 않는 바이러스를 고르고 또 다시 배양을 반복하는 방법으로 약독화 백신주를 만들었다. 그 후 백신의 안정성과 보호 효능을 결정하기 위해 미국 펜실베니아 주 필라델피아의 하버타운-스프링필드Havertown-Springfield 지역 어린이에게 백신을 접종해 98%가 중화항체를 형성하는 것을 확인했다.

• 여러 바이러스 항원에 동시 대응할 수 있는 백신을 다가 백신이라고 한다. 예를 들어, 두 개의 항원이 있을 경우 2가 백신, 독감 백신의 경우는 4가지 독감 바이러스에 대한 백신이라 4가 백신이라고 이야기한다.

힐먼의 실험실에서는 병아리에 바이러스를 접종하거나 병아리 세포를 이용했는데, 그 조류들이 감염되는 조류 백혈병 바이러스Leukovirus가 늘 걸림돌이 되었다. 힐먼은 특히 사빈이 개발한 소아마비 생백신이 원숭이 신장 세포를 사용했기에 SV40 오염으로 인한 원숭이 감염과 그로 인한 악성 종양 발생 가능성에 대해 이의를 제기한 적도 있을 만큼 백신 개발 과정에서 생겨날 수 있는 다른 질병에 대한 염려가 컸다. 하지만 조류 백혈병 바이러스나 SV40이 인간에게 암을 유도한다는 과학적인 결과는 없다. 당시 많은 백신 개발에서 유정란, 병아리와 닭에 직접 감염을 시키거나 유래한 세포를 이용하는 경우가 많았기에 미국 미시간의 가금류 연구소Regional Poultry Laboratory에서는 조류 백혈병 바이러스에 저항성이 있는 닭을 개량해 백신 생산의 안전성을 높였다. 그 덕분에 힐먼은 무사히 홍역과 유행성 이하선염 백신주를 개발할 수 있었다.

뇌수막염과의 관련성과 상용화의 한계

그러나 이후 1990년대부터 개발된 유행성 이하선염 단독 백신의 경우 유행성 이하선염 바이러스가 충분히 약독화되지 않아 무균성 수막염이나 뇌수막염을 일으킨다는 보고가 있었다. 이들 백신주 중 당시 소비예트 연방의 레닌그라드-3 Leningrad-3 백신주는 1986년 초에 약독성이 약화된 것이 발견되었고, 서유럽, 캐나다와 일본에서 백신주로 사용되던 우라베Urabe 백신주의 경우 신경질환과 관련된 것으로 밝혀졌다. 유럽과 일본의 백신 회사가 제조했던 우라베 백신주는 4천 명당 약 1건의 뇌수막염 보고가 있었는데, 뇌수막염이 나타난 환자 검체의 유전자 분석을 통해 우라베 백신주임이 밝혀졌다. 일본의 경우는 중화항체 생성도 다른 지역에 비해 낮은 것으로 밝혀졌다. 반면 힐먼의 제릴 린 백신주는 뇌수막염과의 인과관계가 있다는 것이 밝혀지지 않았고, 뇌수막염 발생 빈도도 백만 명당 1건을 넘지 않아 우라베 백신주를 대체하는 경우가 많았다.

WHO 발표에 의하면 일본에서는 2000년에는 20만 명의 감염자와 88명의 사망자가 발생했을 만큼 유행성 이하선염은 풍토병endemic으로 자리 잡았다. 유행성 이하선염으로 인한 신경질환이 끊임없이 보고되면서 백신에 대한 신뢰성을 잃은 정부 기관이 1994년 소아 예방 접종을 의무에서 '권고'로 하향조정했기 때문이다. 백신 접종으로 인한 보건학적인 이점이 있었음에도 불구하고 정부는 정책 변경을 통해 백신 접종에 대한 궁극적인 선택을 부모들에게 맡겨버렸다. 유행성 이하선염으로 인한 감각신경성 난청은 소아 난청의 최대 25%를 차지하는 후천성 난청의 주요 원인이 되고 있다. 2015~2016년에 일본에서는 유행성 이하선염으로 최소 348건의 청력 상실 사례가 나타났으며 대부분은 영구적인 손상이었다.

3
선천성 기형의 해결사, 풍진 백신

⬤

풍진Rubella은 마토나비리데과Togaviridae와 루비바이러스속 Rubivirus에 속하는 루벨라 바이러스Rubella virus에 의해 발생하며, 독일에서 처음 발생 후 이름 붙여져 '독일 홍역German Measles'이라 불리기도 한다. 18세기 말까지 알려지지 않았으며 태아에게 기형을 유발하는 것으로 밝혀진 이후 거의 200년 동안 심각하지 않은 질환으로 남아 있었다. 18세기 말 독일에서는 '로델른Rotheln'이라는 이름으로 처음 불렸고, 인도의 군의관에 의해 라틴어로 작은 붉은점이란 뜻을 지닌 '루벨라'라는 이름으로 불려왔다. 실제 풍진의 경우 홍역이나 성홍열과 비슷한 증상을 나타내기 때문에 감별 진단이 어려웠으나 1938년 일본의 과학자들의 인후 세정을 통해 인간에서 인간으로 질병을 전염시킴으로써 풍진의 전염 경로와 다른 반점을 일으키는 또 다른 질병임을 발견하게 되었다.

위험한 3가지 얼굴

풍진은 감염 초기에 비인두에서 복제된 다음 인접한 림프절에서 또 복제가 일어나 바이러스 혈증이 발생하는 바이러스성 상기도 감염이다. 14~21일의 잠복기를 거쳐 짧게 발열성 전구 증상이 나타나고 이어서 얼굴부터 시작해 전신에 미세한 붉은 발진이 나타난다. 발진은 비교적 빨리 사라지지만 후천성으로 관절염, 뇌염 및 혈소판 감소증의 3가지 주요한 합병증이 있다. 관절염은 성인의 70%에서 발생하고, 뇌염은 약 6천 건 중 1건, 혈소판 감소증은 3천 명의 1명 꼴로 나타난다.

가장 중요한 합병증은 호주 안과의사인 노만 맥엘리스터 그레그Norman MacAlister Gregg에 의해서 1939년에 밝혀졌다. 당시 호주는 2차 세계대전에 참전하게 되었고, 그 결과 수많은 젊은이들이 한정된 공간에서 생활하며 풍진 바이러스 감염에 적합한 조건이 되었다. 이를 통해 군인들에게 감염된 바이러스는 젊은 여성 배우자에게 퍼져 나갔고, 그레그는 1940년 선천성 백내장을 가진 영아의 수가 이례적으로 많이 나타나는 것에 관심을 가졌다. 그는 산모들로부터 정확한 병력을 수집하고 이들의 대부분이 임신 초기에 풍진에 감염되었다는 사실을 발견했다. 이로써 그레그는 풍진이 태아의 안구 발달에 영향을 미쳤다는 것을 임상적으로 밝혀냈고, 나아가 1943년에는 그레그와 다른 연구진들이 백내장뿐만 아닌 선천성 심장병과 난청, 그리고 정신지체증후군도 일부 풍진이 원인임을 밝혔다. 또한 혈소판 감소성 자반병, 간염, 뼈 병변 및 뇌수막염 등도 같은 원인에 따른 결과로 밝혀졌다. 이는 1940년대 대부분의 사람들이 '선천적 기형은 유전된다'로 믿고 있던 믿음을 깨는 '비과학적'인 가설이라며 비난을 받았을 만큼 의학사에서 큰 발견이었다.

세계 과학자들의 협력 연구사

당시 풍진 바이러스의 세포배양이 가능했다면 그 원인을 찾을 수 있는 실험적인 방법들이 있었을 테지만, 1940년대에는 풍진 바이러스의 세포배양에 지속적으로 실패했다. 1964년에서 1965년 사이 미국에서 풍진이 유행했고, 그로 인해 만 천 건의 사산이나 유산이 발생했으며, 적어도 2만 명의 선천적으로 풍진 바이러스에 감염된 '풍진 아기'가 태어났다.

미국 국방 연구소Walter Reed institute 폴 D. 파크만Paul D. Parkman 와 말콤 알텐스타인Malcolm Artensterin 은 풍진에 감염된 군인의 인후 세척액 샘플을 세포에 감염시켜 바이러스 분리에 성공했다. 그들은 아프리카 녹색 원숭이의 신장 세포African Green Monkey Kidney(AGMK)

선천성풍진증후군에 걸린 아기의 눈

에 감염시킨 엔테로 바이러스 ECHO11와 풍진 바이러스와의 간섭 현상을 이용해 바이러스를 분리할 수 있었다. 파그만은 미국 식품의약국Food and Drug Administration(FDA)로 옮겨 AGMK 세포에서 77번의 계대 배양을 통해 백신주 'High Passage Virus(HPV)-77'를 만들었다. AGMK 세포에서의 풍진 바이러스 배양은 주로 진단 목적으로 사용되었다. 1961년 위스터 연구소의 레너드 헤이프릭Leonard Hayflick은 인간 태아 섬유아세포의 특성을 연구하고 있었다. 그는 태아 유래 인간 이형체 세포주Human diploid cell strain, HDCS*를 시험관 내에서 배양하고 계대할 수 있음을 증명했지만, 알려지지 않은 세포의 등장은 많은 과학자들에게 염려를 안겨줬다. 그러나 FDA는 이형체 세포 사용을 승인했으며, 백신 연구자들은 다양한 백신주들을 폐 섬유아세포주인 WI-28과 MRC-5라는 이형체 세포를 통해 배양했다.

1964년 같은 연구소에 근무하던 스탠리 플롯킨Stanley Plotkin은 이형체 세포 중 WI-38 세포를 이용해 풍진으로 유산된 27번째 태아의 신장에서 RA 27/3이라는 풍진 바이러스를 분리했다. 플롯킨은 약독화 백신을 만들기 위해 인간 세포에서 계대하는 방법과 폴리오 백신처럼 30도의 저온에서 배양하는 방법을 사용했다. 저온을 이용한 배양법으로는 다른 바이러스 백신의 경우 50회 이상의 계대 배양을 해야 약독화되는 데 반해, 풍진 백신은

•　　2개 이상의 서로 다른 세포의 핵이 결합해 형성된 세포주

25회 만에 약독화되었고, 우수한 면역원성을 유지했다. 1967년 부터 1969년 사이 미국, 영국, 이란, 스위스, 아일랜드, 대만과 일본에서는 이 RA 27/3 백신주를 이용한 임상시험이 시행되었고, 고무적인 결과가 나타났다. 특히 영국과 프랑스에서는 이형 세포주에 대해 미국보다 개방적이었고, 이들 나라의 백신 회사들이 RA 27/3 백신주를 이용한 백신을 생산해 1970년 영국에서 최초로 백신 허가가 났으며 이 풍진 백신의 보급은 유럽 전역으로 점차 확대되었다.

미국에서는 보수적으로 원숭이 세포를 이용한 HPV77 백신주를 사용했는데, RA 27/3에 비해 재감염 문제가 발생했으며, HPV77-DK12 백신주에서는 수근관증후군 및 기타 신경 감각증과 같은 이상반응이 감지되었다. HPV77-DE5 백신주의 경우는 성인 여성에서 관절통과 관절염을 유발하는 비율이 높았기에 상용화 승인이 철회되었다. 당시 힐먼은 HPV-77를 오리 배아에서 배양해 HPV77-DE5를 만들었었다. 하지만 이상반응이 발견되자 플롯킨에게 공동연구를 제안했고, 플롯킨과 함께 미국에서 RA 27/3 백신주를 사용한 백신 상용화에 박차를 가했다. 마침내 이들은 머크에서 백신을 생산하고 대규모 임상시험을 신속하게 수행해 RA 27/3은 1979년 미국에서 사용 허가를 받았다. RA 27/3 백신주를 이용한 풍진 백신은 현재도 세계적으로 사용되고 있다.

백신 도입 30년: 성공과 새로운 도전

풍진 백신 승인 이후에도 미국에서는 1970~1979년에는 약 천 건, 1980~1985년에는 연 평균 20건 정도만의 선천성풍진증후군이 발생했다. 그 이후 백신의 상용화가 자리 잡으면서 선천성풍진증후군이 거의 없어졌다. 영국과 핀란드에서도 풍진 백신으로 인한 급격한 선천성풍진증후군 감소로 인해 서반구에서는 풍진이 거의 박멸되었다. 플롯킨의 분석에 따르면 안전성과 높은 면역원성으로 풍진 백신으로 인한 면역이 오랫동안 지속되고, 무엇보다 백신 개발을 위해 경쟁하던 다른 과학자들과 '풍진 박멸'이라는 공동의 목표를 두고 협력했던 것이 백신 성공의 원인이었다.

한편 일본은 2004년에 4,248건, 2012~2014년에 12,614건, 그리고 2018~2020년 4월까지 5,296건에 거쳐 3번이나 대규모 풍진 유행을 겪었고 이는 47개 현 전체에서 발병했다. 이에 CDC는 2018년 일본의 상황을 에볼라 발생국의 수준과 같은 경고 2단계로 상향 조정했다. 이들 감염자의 2/3는 30~60대 남성이었다. 앞서 언급했듯이 일반인이 풍진에 감염이 되었을 때는 대부분 심하지 않게 앓고 지나가지만, 초기 임산부가 감염될 경우 선천성풍진증후군 등 태아의 발달에 영향을 미쳐 기형아 출산 혹은 유산, 사산을 초래하기에 위험하다. 일본은 이러한 이유 때문에 1977년부터 1995년까지 여학생에게만 풍진 백신을 접종했고, 그 기간을 역으로 계산하면 일본을 지나간 3번의 풍진 유행에서 30~60대 남성이 많은 이유가, 그들이 이 시기에 풍진 백신 접종에서 제외되었기 때문이란 분석이 있다.

아이를 낳지 않는 남성이라서 풍진 백신 접종에 제외된다면 훗날 그들을 통해 또 다시 여성들에게 풍진 바이러스가 전파되고 선천성풍진증후군은 다시 증가하기 마련이다. 이에 따라 일본 후생성에서는 2019년부터 3년간 39~56세 남성들에게 무료로 풍진 백신을 공급해 지역적 감염을 막고자 정부 차원에서 노력했다.

3부 전 세계 어린이의 목숨을 구하다

4

면역 혁명
: MMR 백신의 탄생과 유산

●

앞서 살펴본 홍역, 유행성 이하선염, 풍진은 모두 호흡기를 통해 전파되는 비말 감염병으로, 한 번의 감염으로도 심각한 합병증을 유발할 수 있다는 공통점이 있다. 특히 어린이에게 치명적일 수 있어 예방이 무엇보다 중요하다. 이러한 배경에서 힐먼이 개발한 MMR 혼합 백신은 의학사에 큰 획을 그었다. 3가지 질병에 대한 면역을 동시에 획득할 수 있는 MMR 혼합 백신의 등장으로 전 세계 수많은 어린이들이 치명적인 감염병의 위험으로부터 보호받을 수 있게 되었다.

백신 개발의 개척자, 모리스 힐먼

힐먼은 40가지나 되는 다양한 유형의 백신을 개발하며 누구보다 백신 연구와 개발에 기여했다. 이 책에서 가장 많이 이름이 언급된 사람이기도 하다. 어렸을 적부터 과학에 관심이 많고 찰스 다윈에 빠져들었던 그는 몬태나주립대학교에서 화학과 미생물을 전공하고, 시카고대학교에서 클라미디아 성병에 대한 연구를 했다. 1940년대 초, 클라미디아는 세균이 아닌 바이러스라고 여겨졌는데, 힐먼은 자신의 연구를 통해 클라미디아는 바이러스가 아닌 세균이며* 항생제로 치료할 수 있는 질병임을 증명했다. 이후 1944년 ER 스퀴브 앤 선즈Squibb&Sons라는 제약회사에서 일하며 백신 개발에 몰두했다. 학교에서 하는 연구보다 공중 보건에 실질적인 영향을 끼치는 백신 상용화에 더 관심이 많았던 그는 이곳에서 첫 번째로 일본뇌염Japanese encephalitis 백신을 개발했고 1949년 미국 월터 리드Walter Reed국방 연구소 호흡기 질환 부서의 책임자가 되었다. 주요 프로젝트는 인플루엔자 백신을 개발하는 것이었지만, 그 와중에 힐먼은 인플루엔자 바이러스의 다양한 변이가 만들어지는 과정인 '항원 드리프트antigen drift'와 '항원 이동antigen shift'이라는 메커니즘을 발견했다. 이렇게 인플루엔자의 항원이 변하는 것, 즉 바이러스의 유전자들의 재조합이 일어나는 현상은 재조합 바이러스에 대한 대중의 면역이 없기 때문에 팬데믹과 같은 전 세계적인 대유행을 일으킬 수 있는 가능성을 설명하는 중요한 증거가 되었다. 그는 1957년 홍콩 인플루엔자 유행을 예상했고, 이를 대비하기 위한 백신을 개발해 인플루엔자가 미국으로 퍼지기 전에 백신 상용화를 마쳤

● 　세균은 독립적으로 생존하고 번식할 수 있는 단세포 생물이며, 세포 구조를 갖춘 생명체인 반면 바이러스는 스스로 생존할 수 없고 숙주 세포 안에서만 증식하는 비세포성 미생물이다. 따라서 숙주 세포 안에서만 활동하는 바이러스 치료에는 항생제가 기능하지 못하며 백신을 통해 면역 체계를 강화해 예방하는 것이 중요하다.

다. 홍콩 인플루엔자 유행으로 미국에서 7만 명이 사망했으나, 힐먼의 백신이 없었다면 100만 명이 넘는 사망자가 발생할 수 있었다는 분석은 그의 연구 성과를 잘 드러낸다.

MMR 백신의 진화와 혁신

힐먼은 홍역과 유행성 이하선염 백신의 개발 이후 1979년 풍진 백신 또한 개발했으나, 단일화된 백신의 효용성을 위해 이미 검증된, 더 효과가 좋고 안전성이 높은 경쟁자인 플로킨Plot-kin의 백신을 적극적으로 도입함으로써 MMR 백신을 개량했다. 초기에는 기존에 자신이 개발했던 홍역 백신, 유행성 이하선염 백신을 이용하고, 풍진 백신은 독성이 강한 HPV77주를 오리 세포주 Meruvax HPV66-DE5로 약독화시켜 최초의 MMR 백신 '비아백스Biavax'를 상용화했다. 그 덕분에 원래 홍역, 유행성 이하선염, 풍진 백신을 각각 2회씩 총 6회 접종해야 하는 소아 백신 접종을 2회로 끝낼 수 있게 되었다. 1978년에는 기존의 HPV77 DE5보다 안전하고 면역 원성이 좋은 플로킨의 RA 27/3으로 풍진 백신을 대체한 MMR 백신을 통해 미국, 캐나다 및 유럽에서 백신 접종을 활성화시켰으며, 이를 통해 현재까지 전 세계 아이들의 생명을 살리는 데 큰 역할을 해왔다.

혼합 백신이라고 해서 단순히 3가지 백신을 동량으로 섞는 것은 아니다. 혼합 백신을 위해서는 첫 번째, 단독 백신과 비슷한 우수한 면역반응이 유도되어야 하고, 두 번째는 항원이 증가한 데 비해 반응원성reactogenicity이 낮아야 하며, 세 번째는 백신을 건조하거나 저장하는 기간 동안 제형의 안정성stability이 보장되어야 하고, 네 번째는 각 바이러스 성분의 감염성(역가)을 정량화하기 위한 품질 관리가 필수다. 힐먼은 이 4가지 조건을 만족시키는 MMR 백신을 만들어냈으며, MMR 백신이 상용화된 이후 10년간 3가지 질병의 발생률은 극적으로 감소했다. 2회의 MMR 백신 접종을 통해 홍역은 99%, 한 번의 접종을 통해 유행성 이하선염은 95% 이상, 그리고 풍진은 90%의 예방 효과를 나타냈다. 각각의 면역 특이성을 갖는 3가지 다른 바이러스들의 혼합 백신은 경제적 효과뿐만 아닌 국제 보건 문제에 있어서도 큰 획을 그었다.

힐먼의 목표는 자신의 업적을 세상이 알아주는 명예가 아니었다. 그는 "내 비전은 소아과 질환을 예방할 수 있는 백신을 만드는 것이다"라고 이야기했다. 실험실에서는 엄격하고 까다로운 사람으로 평가되었지만, 그의 이런 성격은 더 효과적이고 더 안전한 백신을 개발해야한다는 목표 때문이었을지 모르겠다. 힐먼은 20세기 가장 중요한 백신 개발자 중 한 명으로 한 시대의 감염병 예방에 지대한 공헌을 했으며, 그의 연구는 오늘날까지도 백신학 및 면역학의 중요한 기초가 되고 있다.

백신 개발의 세계적 영향과 전파

이와 같은 흐름에 2001년 WHO는 미국적십자사, CDC, 유엔과 함께 홍역 이니셔티브Measles Initiative®를 구축해 특히 저소득 국가의 홍역 바이러스로 인한 아동 사망률 및 이환율의 비율을 줄이고자 노력했다. 2012년에는 '홍역 및 풍진 이니셔티브'로 이름을 변경해 풍진 퇴치에도 앞장섰다. 이를 통해 전 세계 어린이들에게 백신을 공급했고, 결과적으로 5천 600만 명 이상의 생명을 구하는 데 기여했으며, 빌 앤 멜린다 게이츠 재단을 비롯한 여러 재단의 투자를 받아 88개국에서 홍역-풍진 백신 캠페인을 진행했다. 2001년 이후 30억 이상의 어린이들이 백신 접종을 받았으며, 전 세계적으로 홍역 사망자가 94% 감소했고, 3천만 명 이상의 홍역과 관련된 사망을 예방하는 효과를 보였다.

한편 이러한 변화 속에서도 고소득 국가에서는 스스로 백신을 거부하는 운동으로 인해 홍역 발생률이 증가하고, 저소득 국가에서는 기아, 가난, 의료 인프라 등의 문제로 백신 접종을 받지 못해 홍역이 발생하는 역설적인 상황이 벌어져왔다. 이는 바이러스 박멸을 위해 요구되는 4가지의 필수적 요소가 제대로 작동하지 않기 때문이다. 아무리 유용한 백신이 개발되었다고 하더라도, 바이러스를 완전히 박멸하는 데는 영아의 주기적인 백신 접종, 모든 취학 아동들의 백신 접종, 감시 체계 구축, 지역적인 전염병의 관리 등이 갖춰져야 함을 잊지 말아야 한다.

● 　전 세계적으로 홍역을 예방하고 퇴치하기 위해 마련된 국제적 보건 프로그램이다.

5
마지막 1%를 위한 집념
: 폴리오 백신

기원전 1400년대 이집트 벽화에는 소아마비 증상을 보이는 듯한 한 쪽 다리가 짧고 지팡이를 들고 있는 남성이 그려져 있다. 로마 황제 클라우디우스는 어린 시절 병을 앓아 평생 다리를 절뚝였다는 기록이 있다.

소아마비는 20세기 이전에는 잘 알려지지 않은 유럽의 조용한 풍토병이었다. 1789년 영국의 마이클 언더우드Machael Underwood가 처음으로 소아마비에 대한 임상적 기록을 남겼으며, 1894년 미국 버몬트에서 첫 번째 소아마비 전염병이 발생했다. 이때 132명의 영구적인 마비 사례가 보고되었고, 18명이 사망했다. 찰스 칼버리Carles Caverly라는 의사는 "급성 신경계 질환이 출현했으며, 소아마비가 마비를 일으키는 중증과 마비가 없는 경증 둘 다 나타낸다고 의식했으나, 가족 중 한 명 이상이 질병에 걸린 사례가 단 한 건뿐이라 그 질병은 전염성이 없다고 판단했다."라는 기록을 남겼다. 1905년 스웨덴에서 소아마비가 유행한 이후 이바르 웍맨Ivar Wickman은 소아마비가 사람에서 사람으로 퍼질 수 있는 전염병이라는 것과 심각한 증상을 나타내

3부 전 세계 어린이의 목숨을 구하다

지 않은 사람들도 질병을 가지고 있을 수 있으며, 이는 낙태로까지 이어진다는 것을 밝혔다.

폴리오 바이러스와 소아마비의 발견

1908년 비엔나의 병리학자 칼 랜스테이너Karl Landsteiner와 과학 철학자 얼윈 팝퍼Erwin Popper는 소아마비로 사망한 사람의 척수액을 필터로 여과해 그 여과액을 원숭이에게 주입했을 때, 원숭이가 소아마비에 걸린다는 것을 확인했다. 여과 후에 원숭이에게 마비가 일어났다는 것은 마비를 일으키는 원인이 박테리아가 아닌 작은 크기의 감염성 입자라는 점을 증명했다. 이후 다양한 규모의 소아마비 전염병이 전국적으로 나타나기 시작했고, 1916년 뉴욕을 중심으로 약 26개 주에서 약 2만 7천 건의 감염 사례와 2천명 이상의 사망자가 발생했다. 의사들은 아이들의 마비 증상으로 이 질병을 진단할 수 있었지만 치료할 수 있는 방법은 없었다. 뚜렷한 마비 증상을 일으키는 비율이 전체 감염의 20% 정도였으며, 대부분은 증상을 나타내지 않는 '조용한 감염Silent infection'을 통해 많은 아이들을 감염시켰기 때문이다.

폴리오 바이러스는 척수를 침범해 운동 신경계의 일부를 손상시켜 마비를 일으킨다. 모든 근육에 영향을 줄 수 있는데, 특히 다리 근육에 영향을 미치며, 심한 경우 호흡을 조절하는 근육이 마비되어 인공적인 호흡 수단이 없던 시절 많은 환자들이 사망했다. 1949년에는 미국에서 약 4만 2천 건의 소아마비 감염이 보고되었으며, 약 2천 700명의 아이들이 사망했다. 질병에서 살아남은 사람들은 팔다리가 기형이 되어 다리 보조기나 휠체어가 필요했으며, 일부는 호흡이 원활하지 않아 강철폐Iron Lung라는 커다란 인공 호흡 장치에 들어가 있어야 했다. 20세기 중반까지 소아마비는 전 세계에서 발견되었고, 매년 50만 명 이상이 사망하거나 영구적인 장애를 갖게 되었다. 치료법이 없고 전염성이 점점 증가하면서 백신이 간절히 필요했다.

1931년에 호주의 면역학자 프랭크 버넷Frank Burnet은 소아마비로 사망한 환자의 검체들을 원숭이에게 감염시켰다. 원숭이는 첫 번째 감염에서 회복되었으나, 두 번째 감염에서 마비 증세를 보였다. 즉, 첫 번째 감염과 두 번째 감염은 같은 증세를 일으키는 검체였지만, 동일한 바이러스는 아니기 때문에 교차면역을 일으키지 않는다는 것을 밝혀냈다. 그 후 20년이 지나서야 동일한 증세의 소아마비를 일으키는 폴리오 바이러스로 유전적으로 다른 3가지 유형이 있음이 밝혀졌다.

백신 개발의 시작

폴리오 백신을 개발하려는 첫 시도는 1950년 미국에서 처음 있었다. 소아마비를 앓은 환자 중 한 명이었던 힐러리 코프로스키Hilary Koprowski는 원숭이 척수에 폴리오 바이러스를 감염시키고 이후 쥐에 접종해 여러 번 계대 배양을 하며 폴리오 2형 바이러스에 대한 약독화 백신 TN을 개발했다(그는 이 개발 과정에서 직접 백신을 마신 것으로 알려져 있다). 그가 근무한 레더리 연구소Lederle Laboratories는 뉴욕의 펄 리버 근처 시골 마을이었는데, 멀지 않은 곳에 지체장애자를 위한 레치워스 빌리지Letchworth Village●가 있었다. 코프로스키는 당국의 허가를 받아 1950년 2월 이곳에서 TN 백신을 폴리오 바이러스에 대한 항체가 없는 8명의 어린이에게 경구투여했고, 백신 접종을 받은 아이들이 부작용을 보이지 않자 19명의 다른 아이들에게도 백신을 접종했다. 결과적으로 그중 17명이 폴리오 바이러스에 대한 혈청학적 양성 반응을 나타냈다. 그들의 분변에서도 바이러스가 검출되었으며, 12명 중 10명이 재감염 시에 바이러스의 감염을 억제했다.

코프로스키는 폴리오 백신으로 유명한 알버트 사빈Albert Sabin의 폴리오 약독화 생백신이 나오기 전에 이미 약독화 생백신으로 백신 개발의 길을 열었다. 다만 그가 개발했던 백신은 3가지 폴리오 바이러스에 대한 혼합 백신이 아닌 2형 폴리오 바이러스

● 1911년 미국 뉴욕주에 설립된 정신 및 발달 장애인을 위한 거주시설이다. 원래 지적 장애인과 발달 장애인을 보호하고 치료하기 위한 목적으로 세워졌지만, 시간이 지나면서 운영 문제와 비인간적인 대우로 많은 논란이 발생했다. 특히, 20세기 중반에는 이곳에서 비윤리적인 의료 실험이 진행되었는데, 그중 하나가 폴리오 백신 실험이었다. 어린아이들에게 실험적으로 백신이 투여된 것으로 알려져 있으며, 이는 논란을 불러일으켜 곧 사회적 문제로 떠올랐다. 결국 레치워스 빌리지는 1996년에 폐쇄되었다.

에 한정된 백신이었으므로, 만약 1형 혹은 3형 폴리오 바이러스에 감염될 경우 교차면역을 일으키지 않는다는 한계가 있었다.

불활화 폴리오 백신

이후 열정적인 바이러스학자이자 의사 조너스 소크Jonas Edward Salk가 등장했다. 그는 1938년 소아마비 퇴치를 목표로 설립된 '마치 오브 다임March of Dimes'의 연구비 지원을 받은 사람 중한 명으로, 당시 실제 약하게 감염을 일으켜 면역을 유도하는 생백신보다 안전성이 더 있다고 생각한 불활화 백신 개발에 몰두했다.

소크는 1930년대 원숭이 척수에서 바이러스를 배양해 3천명의 어린이에게 백신을 접종했으나, 그들에게서 폴리오 바이러스에 대한 면역이 유도되지 않아 실패한 모리스 브로디Maurice Brodie 연구의 주요 원인을 되짚었다. 소크는 바이러스 불활화를 위해서는 사용되는 포르말린 농도, 불활화 반응을 위한 온도, 수소이온 농도(pH), 그리고 바이러스 농도가 중요하다는 결론을 내렸다. 그는 1~3형 폴리오 바이러스를 각각 포르말린으로 불활화시켰고, 이 과정은 1:4000배의 포르말린, 36~37도의 온도, 그리고 pH7의 환경에서 이루어졌다. 이렇게 만들어진 불활화 백신의 안전성 테스트를 수행해 백신이 12일 이상 포르말린에 반응할 경우 완벽하게 불활화가 일어나는 것을 확인했으며 임상시험에서도 이상반응 없이 면역반응이 일어나는 것을 확

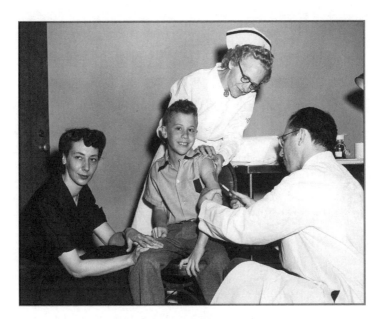
폴리오 백신을 접종 중인 어린이

인했다. 그는 1953년 자신과 자신의 아내와 3명의 아들에게 실험용 폴리오 백신을 접종했다. 이후 미국 CBS 라디오 방송에서 자신의 연구 결과를 발표했고, 소아마비로 공포에 떨던 미국은 소크의 백신을 열렬히 환영했다.

1954년 소크의 불활성화된 폴리오 백신Inactivated poliovirus vac-cine(IPV)을 위한 임상시험이 전국 130만 명의 미국 학생들을 대상으로 실시되었으며, 마치 오브 다임의 전폭적인 지지가 그를 뒷받침했다. 1955년 4월에는 소크의 백신이 마비성 소아마비에 80~90% 효과(1형: 60~70%, 2형&3형: 90% 이상)가 있고, 안전하다는 사실이 발표되었다. 미국 정부는 그날 소크의 IPV를 허가했다. 이후 전국적으로 백신 접종 캠페인이 시작되었고, 1957년에 5만 8천 건이던 소아마비 사례가 5천 600건으로 감소했으며 1961년에는 단 161건만 보고되었다. 이 과정에서 백신의 대량 생산이 필요했고, 소크는 그의 기술을 미국의 6개 제약회사와 공유했다. 그는 이 백신에 대한 특허를 신청하지 않아 경제적인 이득을 얻지 못했지만 한 인터뷰에서 "이 백신에 대한 특허는 없습니다. 당신이라면 태양에도 특허를 낼 수 있습니까?"라는 말로 백신은 경제적인 이권 없이 모두가 누려야 할 것이라는 그의 철학을 대신했다.

소크의 IPV 임상시험이 한창 진행중이던 1954년, 임상시험에 사용되는 백신 배치batch●를 확인하던 NIH의 버니스 에디 Bernice E. Edday는 미국 제약회사 커터 연구소Cutter Laboratoties에서 생산된 특정 배치의 불활화가 완벽하게 되지 않은 것을 발견했다. 그러나 그의 경고에도 불구하고 커터 연구소에서 생산된 백신은 약 12만 명에게 접종되었고, 약 4만 명이 발열, 인후통, 두통, 구토 및 근육통을 동반한 증상을 보였으며, 51명에게 마비가 일어나고 5명이 사망했다. 이에 정부와 소크는 더 엄격한 제조 지침을 제조사들에게 부과했고, 백신 임상시험은 다시 진행되었

●　백신의 제조 및 유통 과정에서 특정한 기준이나 지침에 따라 백신을 분배하는 것

　3부 전 세계 어린이의 목숨을 구하다

다. 엄청난 백신 사고였음에도 불구하고, 1955년 6개 주에서 소아마비 발병률이 65% 감소했다는 보고는 소크의 IPV에 대한 불신을 잠식시켰다.

감염 경로에 대한 새로운 통찰

그 무렵 미국 의사이자 바이러스학자 도로시 호스트만Dorothy Millicent Horstmann은 예일대 소아마비 연구소 존 폴의 팀에 속해 코네티컷, 일리노이, 뉴저지, 서부 뉴욕주 및 노스캐로라이나에서 유행하던 소아마비 전염병 추적을 위한 '임상역학' 연구를 시작했다. 이 팀은 폴리오 바이러스가 신경계까지 감염되는지에 대한 경로와 사람과 사람 사이에서 이뤄지는 바이러스의 전파 방식을 알기 위해 상하수도 환경에서부터 덫에 걸린 파리 및 곤충까지 검사했다. 유증상자와 무증상자의 혈액 샘플도 채취했다. 호스트만과 동료들은 환자의 인후 세척액, 대변과 혈액을 채취해 혈액에서 바이러스를 찾을 수 있는지에 대한 연구를 진행했다. 단일 환자로부터 여러 날에 걸쳐 여러 부위의 검체를 채취했던 이 연구를 통해 바이러스가 인두와 위장관에 얼마나 오래 지속되는지를 밝혔고, 이 과정은 감염에 있어 인체 각 부위의 상대적 중요성을 결정하는 데 중요한 토대를 마련했다. 바이러스는 대변에서는 수 주에 걸쳐 양성인 반면, 인두관과 혈액에서는 일시적으로 양성이었다가 음성으로 변했다. 이는 이전에 과학자들이 폴리오 바이러스는 비강 신경을 통해 이동해 뇌를 감염시

킨다고 믿었던 믿음을 깨뜨리며 폴리오 바이러스가 비강이 아닌 위장관을 통해 감염되는 것임을 밝혔다.[*]

　나아가 호스트만은 병원에 입원한 111명의 소아마비 의심 환자에게서 혈액을 채취했는데, 그중 단 하나의 샘플만 폴리오 바이러스 양성을 보였다. 110명에게서는 이미 증상이 발생한 이후 어느 정도의 시간이 지난 혈액을 채취했던 반면 양성이었던 1명에게서는 가벼운 증세가 나타나고 6시간 만에 혈액을 채취했다. 호스트만은 이 '시간 차'에 집중했다. 즉, 폴리오 바이러스 감염과 그 증상이 시작되는 기간의 간격이 굉장히 짧다는 것을 간접적으로 알 수 있었다. 그는 원숭이와 침팬지를 통한 실험으로 이를 증명하고자 했다. 자연적인 감염 경로인 구강으로 이들에게 폴리오 바이러스 생백신을 먹이고, 감염 후 7일 간 매일 혈액 샘플을 채취해 혈액에서 바이러스가 발견되는지의 여부와 그 시기를 관찰했다.[**] 그 결과 폴리오 바이러스는 마비 증세가 나타나기 바로 전인 감염 후 4~6일 이내에 혈액에서 검출되었다. 이는 폴리오 바이러스가 혈액을 통해 신경계로 전달될 수 있음을 의미하는 결과였고, 7일 이후에는 혈액내에서 생성된 항체에 의해 바이러스가 중화되어 이전의 다른 과학자들이 바이러스를 혈액에서 검출하지 못했던 것이었다. 호스트만의

●　　J Clin Invest. 1946;25:284~286

●●　　Proc Soc Exp Biol Med. 1952;79(3):417~419

이 연구는 "폴리오 바이러스가 신경 세포에서만 자란다고 알려졌던 통념을 깨고, 비신경 세포 및 혈액에서도 검출될 수 있다는 것을 보여주는 역사적인 연구였다"고 폴리오 바이러스 조직 배양으로 노벨상을 받은 엔더슨은 이야기했다.

세계로 퍼진 OPV

생백신 연구를 시작한 코프로스키와 함께 신시내티 대학의 알버트 사빈Albert Bruce Sabin은 약독화 생백신 개발을 위한 연구를 지속했다. 이들 백신의 임상시험은 주로 미국 외의 나라에서 진행되었는데, 당시 소크의 IPV가 전국적으로 진행되던 미국에서는 폴리오 바이러스에 대한 백신 대상자들의 항체가가 높았기 때문이다. 코프로스키의 백신은 북아일랜드, 콩고, 라틴아메이카에서 임상시험이 이뤄졌고, 사빈의 백신은 소비에트 연방(소련)에서 진행되었다.

사빈은 백신 개발 이전에 소아마비를 일으키는 바이러스의 임상 기작에 대해 알기 위해 신시내티에서 400마일 이내에 있는 소아마비 사망자를 모두 부검했다. 이 과정에서 폴리오 바이러스가 장관과 중추신경계 모두에 영향을 미친다는 사실을 밝혔다. 즉 신경계로 가기 이전에 장에서 바이러스 감염이 이루어진다는 것은 바이러스가 신경조직이 아닌 비신경조직에서도 배양될 수 있다는 증거였다. 사빈은 약독화 생백신의 경우는 경구로 투여하기 때문에 접종이 용이하고, 여기서 유도되는 면역은 오랫동안 유지될 것이라고 생각했으며 가장 먼저 자신의 가족에서 시험용 백신을 접종했다. 이후 1957년 마침내 소련 보건부를 설득해 임상시험을 수행했다. 사빈의 경구용 폴리오 백신Oral poliovirus vaccine(OPV)은 화이자Pfizer에서 생산되었고, 곧 화이자는 OPV를 영국에서 생산하기 시작했다.

설탕을 기반으로 만들어진 OPV는 각설탕 형태로 혹은 용액으로 쉽게 섭취할 수 있었다. 소련에서 1958년에 2만 명, 1959년에는 천만 명의 어린이를 대상으로, 체코슬로바키아에서는 1958년부터 1959년까지 11만 명 이상의 어린이를 대상으로 임상시험을 수행했으며 이 과정에서 백신이 안전하고 효과적이라는 것이 입증되었다. 당시 폴리오 바이러스 연구를 하던 도로시 호스트만은 WHO의 요청으로 소련과 체코슬로바키아의 임상시험을 독립적으로 검토했으며, 이 백신의 효과를 인정했다.

IPV와 비교했을 때 OPV의 장점은 첫 번째, IPV보다 더 빠른 면역반응을 유도해 전염병 대응에 용이하다. 두 번째, 경구 투여 방식이기 때문에 야생 폴리오 바이러스와 동일한 경로로 소화기관을 통과하며, 장에서 약하게 감염된 OPV가 대변으로 나오기도 하는데, 그런 경우 때때로 주변 사람들의 면역을 약하게 강화시키는 효과가 있었다. 세 번째, 각설탕의 성질과 형태로 제공되는 접종의 용이성 때문에 대량 백신 접종 캠페인에 이상적인 후보였다. 이후 OPV 접종 캠페인을 시작한 헝가리와 체코슬로바키아는 각각 1959년과 1969년에 폴리오 바이러스를 퇴치한 국가가 되었다. IPV의 경우는 개인 면역은 유도했지만 사람과 사람 사이의 전파는 완벽하게 막지 못했다. 쿠바에서는 IPV의 이런 문제점을 피하고자 OPV로 백신을 접종했고, 1962 년 폴리오 바이러스를 퇴치한 국가가 되었다.

정부와 마치 오브 다임의 전폭적인 지지를 받던 IPV는 1960 년 미국에서 승인된 이후 점차 OPV 접종이 증가하자 1968년에 접종이 중단되었으며 미국 제약회사는 IPV 백신 생산을 중단했다. 사빈은 전 세계를 돌며 폴리오 바이러스는 천연두처럼 퇴치할 수 있으며 이를 위해서는 전 세계적으로 경구용 백신을 사용해 접종해야 한다고 이야기했다. 이후 1979년 인도주의 봉사 단체인 국제로터리클럽이 폴리오 바이러스 퇴치를 위한 파트너가 되었다. 1988년 세계보건총회는 폴리오 바이러스 퇴치를 위한 결의안을 통과시켰으며 글로벌 폴리오 바이러스 박멸 이니셔티브가 결성되었다. 현재는 로터리클럽, WHO, CDC, 유니세프, 빌앤멜린다 게이츠재단이 이니셔티브를 구성하고 있다.

그렇게 폴리오 바이러스는 '거의' 박멸되는 듯했다. 2형 폴리오 바이러스는 1999년에, 3형 폴리오 바이러스는 2012년 박멸이 선포되었다. 현재 야생형 폴리오 바이러스로 감염되는 것은 1형만 존재하며 이는 아프카니스탄과 파키스탄에서만 발견된다. 점차 폴리오 바이러스 발병률과 백신 접종률이 낮아지다 보니 몇몇 지역에서 OPV에 포함된 약독화된 바이러스가 대변으로 배출되어 백신 접종률이 낮은 지역에서 순환하며 감염을 일으켰다. 이를 백신 파생 폴리오 바이러스인 cVCPV라고 부른다. 또한, OPV 접종 이후에 극히 드물게 백신 관련 마비성 소아마비 Vaccine associate paralytic polio(VAPP) 현상이 백신 접종자 120만 명 중 1명 정도의 비율로 나타나고 있다. 2형 폴리오 바이러스가 더 이상 유행하지 않도록 하기 위해 OPV 접종 국가에서는 1~3형의 3가 백신이 아닌, 1형과 3형만 있는 2가 백신을 접종하기도 한다. 이미 폴리오 바이러스가 박멸된 국가에서는 백신에 의해 파생적으로 나타나는 cVCPV나 VAPP도 예방하기 위해 IPV를 접종하고 있다. 또한, 2형 cVCPV의 위험을 없애기 위해 새로운 폴리오 바이러스 2형 백신주(novelOPV2, nOPV2)를 개발했고, 2021년 3월부터 현재까지 임상시험을 진행하고 있다. 이는 사빈의 기존 OPV2와 비교해 유전적으로 안정성이 높으며, 면역원성에 대해서는 평가가 진행 중에 있다.

하수역학 시스템의 중요성

1930년대 폴리오 바이러스의 감염 경로가 분변에서 소화기 fecal to oral로 전달된다는 것이 의심되었다. 1932년 필라델피아의 바이러스학자 존 폴John R. Paul과 제임스 트래스크James Trask는 이를 두고 폴리오 바이러스의 지역적 전파가 생활 하수와 연관 있을 것으로 생각했다. 당시 필라델피아는 미국의 다른 도시와 마찬가지로 생활하수를 처리하는 현대적인 방식의 폐수처리시설이 없었다. 지하 하수는 그대로 델레웨어강과 스쿨킬강으로 흘러 들어갔고, 부두 반대편에는 아이들이 수영하는 일이 일상이었다.

이들은 강으로 흘러들어가는 하수를 채취해 바이러스를 분리하고자 했다. 당시에는 바이러스의 세포배양이 가능하지 않았기 때문에 원숭이를 이용해 바이러스 분리를 시도했으나 번번히 실패했다. 그들의 가설은 1940년대가 돼서야 앨버트 사빈이 소아마비로 사망한 환자의 장에서 바이러스를 발견함으로써 바이러스가 감염되는 기관이 장임을 증명했다. 폴과 트래스크는 하수가 질병 위험의 근원인지는 판단할 수 없었지만, 하수를 질병 활동의 지표로 사용할 수 있다는 것을 발견하며 하수 기반의 역학 분야를 탄생시켰다.

백신 유래 감염과 글로벌 대응 전략

이후 2022년 6월 영국 런던의 폐수에서 백신 유래 폴리오 바이러스Vaccine-Derived Polio가 검출되었다. 이에 WHO의 소아마비 박멸을 위한 글로벌 이니셔티브Global Polio Eradication Initiative는 폴리오 바이러스 박멸을 위한 환경 감시 시스템을 만들어 소아마비 혹은 급성 이완마비Acute Flaccid Paralysis(AFP) 의심 사례에 대한 대응으로 환경 하수 또는 폐수를 통한 조기 경보 시스템을 구축하고자 했다. 이 시스템은 이집트, 인도에서는 야생형 폴리오 바이러스가 박멸되었다는 것을 증명하기 위한 목적으로 사용되었다. 파키스탄, 아프가니스탄 및 나이지리아에서는 백신으로 인한 폴리오 바이러스의 유행을 식별할 수 있는 중요한 수

단으로 사용하고 있다. 이를 '하수역학'이라고 한다.

이어서 2022년 7월, 뉴욕 보건부에서는 급성 이완 마비 증상이 나타나는 환자를 CDC에 보고했다. 그 환자는 폴리오 백신을 접종한 적이 없었으나, 폴리오 바이러스에 대한 항체는 있었으며 그의 대변에서는 폴리오 바이러스 2형이 검출되었다. 유전자 분석 결과 그는 백신에서 유래한 폴리오 바이러스 2형에 감염되었으며, 뉴욕시와 CDC는 환자가 거주하는 록랜드 카운티*를 비롯한 인근 4개 카운티의 폐수를 환자 발생 25일 전부터 41일 이후까지 분석했다. 총 9개 카운티의 약 10개월치 하수역학 샘플을 확보하고 분석한 결과, 100개의 폴리오 바이러스 양성 사례 중 처음 발생한 환자의 폴리오 바이러스와 유전적으로 연결된 것은 93개이고, 백신 유래 혹은 백신의 변이 바이러스는 7%였다.** 이러한 발견과 분석은 당시 코로나19 하수역학 시스템이 가동되고 있었고, 폐수들을 각 날짜마다 채취해서 냉동보관 중이었기 때문에 가능했다.

역학 분석 결과 첫 환자는 해외에서 생백신으로 인한 폴리오 바이러스에 감염되었으며***, 증상이 나타나기 이전 이미 지

● 　행정 구역의 한 형태로, 주^州 내에서 지방 정부의 관할 아래에 있는 지역을 의미한다.

●● 　https://www.cdc.gov/mmwr/volumes/71/wr/mm7144e2.htm

●●● 　백신주로 사용되는 바이러스가 아주 드물게 대변으로 배출되어 다른 사람에게 감염을 일으키는 경우가 있다.

역사회에 바이러스를 퍼뜨리고 있었다. 뉴욕시는 비상사태를 선포하며 폴리오 바이러스 백신 접종을 독려했다. 특히 어린이와 관련된 직군에 종사하는 이들과 의료 관련 직군에게 백신 접종 의무화를 했다. 미국에서는 현재까지 불활화 폴리오 바이러스 백신 IPV를 접종해 왔고, 뉴욕시의 접종률은 86.2%이다. 첫 환자는 정통 유대인으로 확인되었고, 첫 환자가 확인된 지역의 폴리오 바이러스 백신 접종률은 56.3%인 것으로 알려졌다. 백신 접종률이 낮은 지역의 경우 해외여행이나 해외에서 온 사람들과의 접촉으로 인해 약독화 생백신에 감염될 수 있으며, 지역사회 전파로 이어질 수 있다는 것을 분명하게 보여준 사건이었다. 미국은 2020년 국가폐수감시시스템 National Wastewater Surveillance System(NWSS)을 구축해 약 40개 주 159개의 폐수에서 코로나19, 폴리오 바이러스, 노로 바이러스 등의 전염병 감시를 하고 있다. 한국은 17개 지자체 19명의 보건환경연구원, 학계(고려대학교 세종환경공학과) 및 질병관리청이 협업해 전염병 국가 감시 체계를 구축해 하수역학 사업을 진행 중이다.

인류는 폴리오 바이러스 박멸을 위한 마지막 1%를 위한 노력을 계속하고 있다. 마지막 남은 풍토병 지역을 집중 관리하고, 하수역학을 비롯한 전 세계적인 폴리오 감시 네트워크를 가동하고 있으며, 새로운 백신 개발 및 지속 가능한 재정 지원을 하고 있다. 또한, 천연두 퇴치 이후 세계의 모든 실험실에서 천연두 바이러스를 폐기했던 것처럼 폴리오 바이러스에 대한 실험실 보관 및 안전 관리에 대한 규제도 논의하고 있다. 이러한 노력들을 통해 멀지 않은 시기에 폴리오 바이러스가 두 번째로 지구상에서 박멸될 수 있기를 기대한다.

3부 전 세계 어린이의 목숨을 구하다

6

설사병과의 싸움
: 로타 백신의 발전사

●

설사는 흔한 질병이다. 그러나 사람들은 설사로 사람이 죽을 수 있다는 것을 쉬이 믿지 않는다. 특히나 한국처럼 깨끗하게 상하수도 시설이 되어 있는 고소득 국가에서는 더욱더 믿지 못할 일이다. 전 세계 5세 이하 어린이들의 질병으로 인한 사망률을 보면 호흡기 질환, 미숙아, 신생아 저산소증에 이어서 네 번째로 많은 사망의 원인이 바로 설사다. 1970년대 어린이 사망률에 대해 연구하던 여러 그룹들은 5세 미만의 어린이의 설사 질환에 대한 전 세계 질병 부담global burden of disease을 계산했다. 이들의 계산에 따르면 연간 300만에서 1천 200만 명에 이르기까지 숫자들이 다양하게 추정되었지만 어린이 생존의 결정적인 요인으로 설사가 중요한 역할을 한다는 것을 확연하게 보여주었다. 그로 인해 많은 의료 및 공중 보건 커뮤니티에서는 과학을 통해 아동 생존을 개선해야 한다는 의견이 대두되었다. 과학자들은 설사를 일으키는 원인과 그 전파 방식을 통해 설사의 원인을 규명하는 데 힘을 쏟기 시작했다.

로타 바이러스 발견과 '로타쉴드'의 탄생

1970년대 초 호주의 바이러스학자 루스 비숍Ruth Bishop은 아이들에게 설사를 일으키는 원인을 찾기 위해 고군분투했다. 그는 설사의 원인이 박테리아일 것이라 생각해 대변 샘플에서 박테리아 배양을 여러 번 시도하고, 광학현미경을 수도 없이 들여다보았지만 그 원인균은 찾을 수 없었다.

1972년에는 NIH의 알버트 카피키안Albert Kapikian 박사가 전자현미경을 이용해 성인과 어린이 모두에게 급성 설사를 일으키는 것으로 알려진 노르워크Norwalk 바이러스를 처음으로 발견했다. 1년 후 비숍도 대변 샘플들을 전자현미경으로 들여다보기로 했다. 광학현미경으로 관찰 가능한 0.5~2mm인 박테리아보다 더 작은 무언가가 아이들 설사병의 원인일 수도 있다고 생각한 것이다(전자현미경으로는 0.01mm까지 식별할 수 있다). 비숍은 설사병을 앓는 아이의 생검 조직을 멜버른 대학의 전자현미경 전문가에게 보냈고, 바퀴 모양의 바이러스들이 선명하게 찍힌 전자현미경 사진을 얻을 수 있었다. 이후 이 바이러스에는 수레바퀴라는 뜻의 라틴어 '로타Rota'라는 이름이 붙여졌다. 초기 연구의 실패에도 불구하고 끊임없이 바이러스 분리 시도를 하고, 환자를 많이 봐온 비숍의 지난 경험들이 빛을 발하는 순간이었다.

로타 바이러스는 아이들의 목숨을 너무 쉽게 앗아갔다. 수일 동안 계속된 설사는 특히나 영아들에게 탈수를 일으켜서 사망에 이르게 했다. 비숍의 로타 바이러스 발견 이후 많은 과학

3부 전 세계 어린이의 목숨을 구하다

자들이 백신 개발을 위해 뛰어들었다. 그러다 1980년대 카피키안 박사는 원숭이-인간 재편성 simian-human reassortant 로타 바이러스의 백신을 개발했다. 로타 바이러스는 11개의 유전자로 이루어져 있는데, 주로 2가지 주요 표면 단백질 'VP7(G 단백질)'과 'VP4(P 단백질)'의 단백질 조합에 따라 그 유전형이 결정된다. 바이러스의 가장 바깥쪽에 돌기처럼 생겨 세포와 결합하는 프로테아제 VP4 단백질과 외피 당단백질인 VP7 단백질은 중화항체를 형성하는 중요한 부분이며 VP4 단백질은 51개의 P형 유전형 조합, VP7 단백질은 35개의 G형 유전형 조합으로 바이러스를 분류한다*.

카피키안은 로타 바이러스를 구성하는 11개의 유전자 중 10개는 원숭이 로타 바이러스의 유전자를 사용하고, 중화항체를 유도할 수 있는 VP7 유전자는 각각 다른 인간 로타 바이러스의 유전형인 G1, G2, G4 유전자를 사용해 재편성 바이러스를 만들었다. G3 유전자는 11개 전부를 원숭이 로타 바이러스 유전자로 구성했다. 이렇게 4가지 다른 백신주를 포함한 백신은 '로타쉴드 RotaShield'라는 이름으로 1983년에 임상시험이 시작되었다. 로타 바이러스가 발견되고 불과 10년 만에 개발된 최초의 경구용 로타 백신이었다.

---

* 가장 흔하게 유행하는 로타 바이러스의 유전형은 G1P[8] 타입이다. 그 외에도 G2P[4], G3P[8] 등으로 유전형을 표시한다.

로타쉴드는 미국, 핀란드와 베네수엘라에서 시행된 임상시험을 통해 중증 질병 예방에 약 80%, 모든 로타 바이러스로 인한 설사에 대해 48~68%의 효능을 보여주었다. 1998년 FDA의 허가를 받았으며, 미국소아과학회에서는 이를 미국의 모든 2, 4, 6개월 영아에게 3회 경구 투여하도록 권장했다. 그러나 1998년 9월 1일부터 1999년 7월 7일까지 로타쉴드를 접종받은 영아 중 CDC 백신 이상반응 보고 시스템Vaccine Adverse Event Reporting System(VAERS)에 15건의 장중첩증intussusception(IS)이 보고되었다. 15명 중 11명은 3회 투여 중 첫 번째 투여 이후에 그 증상이 발생했고, 그중 8명은 수술이 필요한 상황이었으나 모든 영아가 다 회복되었다. 이들의 평균 연령은 3개월이었으며 7개 주에 걸쳐서 IS가 보고되었다. 즉, 첫 번째 백신 투여 이후 첫 주에 약 1만 명당 1건의 IS 사례가 있음이 확인되었다. 이러한 분석을 통해 로타쉴드 백신 접종이 지속적으로 이뤄졌다면 미국에서 매년 약 1,200건의 IS가 잠재적으로 더 발생할 수 있다고 추정되었다. 이에 CDC에서는 백신 접종을 중단시켰고, 미국소아과학회도 접종 권고를 철회했으며, 1999년 10월 15일 로타쉴드를 생산하던 와이어스 백신Wyeth-Lederle Vaccines 회사는 백신을 시장에서 완전히 철수한다고 발표했다. 이러한 사건은 임상시험 당

•　　장이 말려 들어가는 것을 이야기하며 소장이 대장으로 말려 들어가는 경우가 가장 흔하다. 장중첩증이 지속될 경우 장폐색 및 장괴사가 일어날 수 있다.

　　　　　　　　　　　　3부 전 세계 어린이의 목숨을 구하다

시 나타나지 않았던 이상반응의 결과를 통해 시판 후 백신 감시 체계가 얼마나 중요한지를 분명하게 보여줬다. 뜨겁게 피어 올랐던 최초의 로타 바이러스 백신은 이렇게 사라졌다. 로타쉴드와 IS 간의 정확한 생물학적 메커니즘이 밝혀지지 않았기 때문에 이후에 개발된 경구용 로타 바이러스 생백신의 경우 그 안전성을 입증하기 위해 더 비용이 많이 드는 임상시험을 수행해야만 했다.

새로운 경구용 로타 백신
'로타릭스'와 '로타텍'의 탄생

7년이 지난 2006년 미국에서는 두 개의 새로운 경구용 로타 생백신이 허가되었다. 글락소스미스클레인GlaxoSmithKline(GSK)에서는 인간 로타 바이러스 G1P[8]의 약독화 백신주를 기반으로 한 1가 2회 용량의 백신 로타릭스Rotarix를 생산했다. 두 번째 백신으로는 머크에서 소 로타 바이러스를 기본 골격으로 중화항체를 유도할 수 있는 VP7 단백질만 인간 로타 바이러스에서 유래한 G1, G2, G3, G4 유전자가 있거나, VP4 단백질(P[8])만 인간 로타 바이러스에서 유래한 재조합 백신주들이 혼합된 5가 3회 용량의 백신 로타텍Rotateq을 생산했다. 즉, VP7-G1만 인간 유래 로타 바이러스의 유전자를, 나머지 11개의 유전자는 소의 로타 바이러스 유전자인 재조합 백신주로 만든 것이다. 이들 백신은 6만 명 이상의 영아를 대상으로 한 대규모 임상시험을 통해서 IS에 대한 각 백신의 안전성을 보장할 수 있는 규모로 진행되었다. 임상시험에서 85~95%의 백신 효과를 보였고, 미국에 이어 WHO에서는 효능이 입증된 이 백신을 고소득 및 중간소득 국가의 어린이들에게 접종하도록 권고했다. 다만 이 백신들이 전 세계적으로 사용되기 전에 저소득 환경에서 두 백신을 모두 테스트할 것을 권고했다. 기존의 백신 캠페인을 되돌아보면 소아마비를 일으키는 폴리오 바이러스나 장티푸스, 콜레라 등의 경구 백신의 경우 저소득 국가에서 효과가 낮은 선례가 있었기 때문이었다. 두 백신 회사는 WHO의 권고를 받아들여 아프리카와 아시아의 저소득국가에서 추가적인 임상시험을 진행했는데, 흥미롭게도 고소득 국가에서 85% 이상의 예방 효과를 보이던 동일한 백신이 중~저소득국가에서는 50~64%의 낮은 예방 효과를 보였다. 로타 바이러스로 인해 설사로 죽어가는 아이들이 많은 저소득국가에서는 백신의 효능이 낮고 오히려 로타 바이러스 유행이 거의 일어나지 않는 고소득 국가에서 효능이 높다는 것은 아이러니한 일이 아닐 수 없었다. 그럼에도 WHO는 저소득 국가에서의 낮은 효능 또한 그 지역 아동들에게 도움이 될 수 있다고 판단해 이 백신 접종을 권고했다. 더불어 차세대 로타 백신 연구를 독려했다.

경제성을 높인
'로타백'과 '로타실'의 탄생

차세대 로타 백신의 목적은 뚜렷했다. 저소득 국가에서 백신의 효능을 더 높일 수 있고, 기존의 두 대형 제약회사보다 가격 면에서 경쟁력을 갖춰 백신의 불평등을 해소할 수 있어야 했다. 또한 대규모 백신 캠페인에 용이하다는 점에서 백신 개발이 독려받았다. 인도의 바랏 바이오텍Bharat Biotech과 세럼 인스티튜트Serum Institute는 각각 로타백Rotavac과 로타실Rotasil이라는, 1~3달러 되는 저렴한 백신을 개발했다(기존의 로타릭스와 로타텍은 1회 접종이 100달러 정도다). 로타백은 신생아에서 분리된 인간 로타 바이러스의 G9P[11] 유전형를 기반으로 하는 1가 백신으로 인도에서 영유아를 대상으로 중증 로타 바이러스에 56%의 효능이 입증되었다.* 로타실은 로타텍과 비슷한 5가 백신으로 VP4 P[8] 유전자 대신 VP7 G9 유전자가 암호화되어 있어 G1, G2, G3, G4 및 G9 혈청형의 로타 바이러스를 방어할 수 있다. 이 백신은 인도에서 시행된 임상시험에서 중증 로타 바이러스에 대해 46~67%의 효능을 입증했다.

지금까지 허가된 로타 백신은 전부 구강을 통해 접종하는 경구형 약독화 생백신이다. 생백신의 경우 직접 감염되는 경로로 백신 바이러스가 체내로 들어가 약하게 감염을 일으키기 때

---

* 1가는 1가지 백신주, 5가는 5가지 백신주가 혼합된 백신이다.

문에 실제 질병을 일으킬 수 있는 수준의 바이러스가 감염되었을 때 가장 높은 확률로 그 감염을 차단할 수 있는 면역반응을 일으킬 수 있다. 그러나 저소득 국가에서 드러난 로타 바이러스를 비롯한 다른 경구용 생백신의 낮은 효과는 또 다른 공중 보건학적 의미를 갖는다.

왜 이 로타 바이러스의 경우 저소득 국가에서 백신의 효과가 낮을까? 로타 바이러스 연구 권위자인 로저 글래스Roger Glass 박사의 논문●에 따르면, 로타 바이러스 생백신의 효과를 1인당 소득과 5세 미만 사망률을 통해 분석한 결과, 고소득 국가(1인당 GDP가 12,375달러 이상)에서는 그 효과가 높았지만, 하위(1,026달러 미만)~중상위(3,996달러~12,375달러) 소득 국가에서는 낮은 효과를 보였다. 지금까지 알려진 바에 의하면 다양한 원인이 저소득 국가에서 생백신 효과를 저해시키는 것으로 보인다. 이미 바이러스들에 노출되어 항체를 보유하고 있는 엄마로부터 태아에게 전해진 모체면역과 모유의 중화항체, 다른 경구용 백신 접종과의 간섭, 장내 세균의 분포, 영양실조 또는 다른 질병의 감염 등 복합적인 요인들이 지역마다 다양하게 나타나고 있다.

●   https://doi.org/10.1093/infdis/jiaa598

끝나지 않은 도전
: 한계와 혁신적 해결책

로타 백신의 효과를 높이기 위한 새로운 연구 및 개발은 지금도 계속되고 있다. 호주 연구진이 개발하고 인도네시아의 바이오파마Biophama가 생산하는 신생아 유래 로타 바이러스 백신 RV3은 B형 간염 백신처럼 출생시 접종할 수 있는 백신이다. 현재 임상시험을 진행 중이며 무슬림 국가의 백신 접종을 위해 할랄 인증 시설을 이용해 생산하고 있다. CDC는 경구용 생백신의 단점을 보완하고자 바이러스 활성을 없앤 불활화 백신 개발을 통해 근육 주사로 임상 1상을 진행 중이며 마이크론Micron과 함께 마이크로니들 패치를 이용한 백신도 개발 중에 있다. 이 비경구용 사백신의 경우는 근육 주사 형태로 접종하고 있는 다른 종류의 백신들과도 혼합해서 생산할 경우 백신의 가격을 낮출 수 있다는 장점도 있다. 차세대 백신의 선두주자였던 단백질 재조합 백신Non-replicating rotavirus vaccine(NRRV)은 VP4의 VP8 부분*만 인공적으로 발현해 백신을 개발했다. 가장 먼저 승인될 것 같았던 이 백신은 임상 3상까지 진행했으나 기존의 백신을 뛰어넘는 효과가 입증되지 않아 2022년 임상시험 중단을 권고받았고, 백신 생산도 멈춘 상태다. 앞으로 임상시험 분석을 통해 이 백신의 문제점을 돌아볼 수 있는 기회가 올 것이라 생각된다.

● 　로타 바이러스의 VP4 단백질은 VP5와 VP8 단백질로 구성된다.

2018년 빌 게이츠는 중국 베이징에서 개최한 '화장실 재발명 사업 박람회'에서 인분이 들어 있는 유리병을 들고, "이 안에는 로타 바이러스 200조 개와 이질균 200억 마리, 기생충 알 10만 개가 들어 있다"라고 이야기했다. 설사병으로 죽어가는 아이들을 살리기 위해서는 백신만으로는 충분하지 않을 수 있다. 우리가 흔히 '공중 보건'이라고 이야기하는 건강을 위한 보편적인 시설들이 백신과 함께 사용될 때에 그 효과가 극대화 될 수 있을 것이다. 더 좋은 백신을 만들기 위한 노력들은 지금도 계속되고 있다.

4부
인류의 오랜 역사를 함께하다

1
인플루엔자 백신

 인플루엔자Influenza 바이러스의 이름은 이탈리아어에서 유래
했다. 인플루엔자라는 말은 점성술 용어로 '인간의 성격이나 운
명에 따라 별에서 흐르는 천상의 힘'을 뜻하며 16세기에는 '사람
에 눈에 보이지 않는 영향력'을 의미하게 되었다. 그리고 이후
눈에 보이지는 않지만 수많은 사람에게 감기 증세를 일으키는
질병을 인플루엔자라고 부르기 시작했는데 현재는 일반 감기가
아닌 독감을 일으키는 단어로 사용되고 있다. 1892년 독일의 미
생물학자인 리차드 프리드리히 요하네스 파이퍼Richard Pfeiffer는
독감 환자의 코에서 박테리아를 분리했고, 그것을 '인플루엔자
균'이라고 명명했다. 바이러스의 존재를 몰랐을 당시는 세균학
의 황금기로 수많은 질병이 모두 박테리아에 의해서 일어난다
는 것이 당연시되고 있을 때였다.•

•   일반적으로 특정한 형태의 세균을 의미하며, 구형이나 나선형이 아닌
      막대형 세균을 가리킨다. 당시 인플루엔자균은 더 이상 이 범주에 포함
      되지 않는다고 판단해, 이후 새로운 속genus인 '헤모필루스Haemophilus'로
      재분류되었다.

1918 팬데믹의 미스테리

1918년 '스페인 독감'으로 알려진 인플루엔자 팬데믹이 일어났다. 약 5천만 명에서 1억 명의 사망자가 추산되는 인플루엔자 팬데믹에서 과학자들은 파이퍼의 인플루엔자 바실러스^{Bacillus}의 변종이 주범이라고 여겼으며 이에 대한 백신을 만들면 인플루엔자를 예방할 수 있을 것이라고 생각했다. 물론 그에 동의하지 않는 이들도 있었다. 폐렴구균이나 연쇄상구균 등이 원인이 될 수 있다고 하는 이들도 있었고, 모든 인플루엔자 환자에게서 인플루엔자 바실러스가 검출되는 건 아니라고 반박하는 이들도 있었다. 여러 논란에도 뉴욕시 보건국의 윌리엄 H. 파크$^{William H. Park}$는 파이퍼의 인플루엔자 바실러스가 팬데믹 인플루엔자의 원인임을 확신해 1918년 10월 연쇄상구균, 폐렴구균, 인플루엔자 바실러스의 혼합 백신을 생산했다. 그러나 약 10만 명을 대상으로 여러 지역에서 임상실험이 시행되었으나 뚜렷한 백신의 효과는 나타나지 않았다. 팬데믹이 잠잠해지고 십수 년이 지난 1930년대가 되어서야 1918년 팬데믹은 박테리아가 아닌 바이러스로 인한 것임이 밝혀졌다. 1921년 미국 록펠러 연구소의 과학자들은 인플루엔자 환자의 검체를 감염시킨 토끼의 폐 추출액에서 박테리아를 걸러낼 수 있는 필터를 통과한 물질이 있으며, 이 물질이 곧 바이러스로 인플루엔자를 일으킨다는 것을 확인했다. 파이퍼가 주장한 인플루엔자 바실러스는 바이러스가 아닌 b형 헤모필루스 인플루엔자, 즉 뇌수막염을 일으키는 원

4부 인류의 오랜 역사를 함께하다

인균이었다. 1928년 리차드 E 숍Richard E. Shope은 이와 관련해 감기 증상을 일으키는 돼지의 점액에서 헤모필루스 인플루엔자를 분리했다. 분리된 이 박테리아를 돼지에 접종시켰더니 돼지는 감기 증상을 나타내지 않았고, 오히려 점액을 필터에 통과시킨 후 걸러진 점액을 돼지에 접종했더니 감기 증상이 나타나는 것을 확인할 수 있었다. 결국 박테리아를 걸러낸 이후 필터를 통과한 물질인 바이러스가 인플루엔자 팬데믹의 원인이었음이 명확해졌고, 인간 유래 인플루엔자 바이러스의 정체로 1933년 영국의 윌슨 스미스Wilson Smith가 발견한 A형 인플루엔자가, 1936년 토마스 프랜시스 주니어Thomas Francis Jr.가 발견한 B형 인플루엔자가 드러났다. 1936년에는 맥파렌 버넷Macfarlane Burnet이 동물이 아닌 닭의 유정란에서 바이러스가 자랄 수 있음을 발견했다. 유정란을 이용한 그의 바이러스 배양은 인플루엔자의 바이러스 특성 연구, 백신 개발 및 진단법 발전에 큰 영향을 미쳤다.

인플루엔자 바이러스는 오르소믹소과에 속하며 A, B, C, D 형의 속으로 이루어진다. 이 중 사람을 감염시킬 수 있는 것은 A~C형이며 독감 백신에는 A형과 B형이 포함된다. 인플루엔자의 유전자는 7개 혹은 8개의 조각으로 이루어진 음성가닥 RNA이며, 그중 바이러스 외부에 위치한 거대한 당단백질인 헤마글루티닌Hemagglutinin(HA)와 뉴라미데이즈Neuramidase(NA)에 의해서 아형이 나눠진다. 이러한 분류에 따르면 1918 팬데믹을 일으켰던 인플루엔자는 H1N1 아형이었고, 1968년 홍콩 독감은 H3N2 아형이었다. 인플루엔자 바이러스는 8개의 유전자 조각을 갖는 특성상 새로운 HA와 NA 조합의 변이가 만들어지기 쉬운 구조다. 예를 들어 2가지 다른 아형의 바이러스가 동시에 한 숙주에 감염되면 바이러스 유전자들이 복제되고 조립되는 과정에서 유전자의 교환이 일어나기도 한다. 조류나 돼지에게 감염되는 특이적인 아형의 인플루엔자 바이러스가 사람에게 감염되는 아형의 바이러스와 함께 감염되어 유전자 재배열이 일어나면 새로운 아형이 생성되기도 한다. 즉, 인플루엔자 바이러스가 항상 같은 아형으로 유행하는 것이 아니라, 매년 독점적으로 유행하는 아형이 바뀌기도 하고, 어떤 아형은 다른 아형의 바이러스보다 더 인간에게 치명적일 수도 있다는 의미다.

초기 인플루엔자 백신 개발
: 전쟁에서 연구실까지

사실 인플루엔자의 유전자적 특성이 알려지기 전인 1945년에 이미 미국에서는 최초의 인플루엔자 백신이 개발되었다. 의사이자 면역학자 토마스 프랜시스Thomas Francis Jr.는 1941년 12월 일본이 진주만에서 태평양 함대를 공격했을 때 긴급한 임무를 맡았다. 전쟁에 파병할 군인들을 위한 인플루엔자 백신 개발이 그 임무였다.

1차 세계대전 중에 맞이했던 1918 인플루엔자 팬데믹은 수많은 젊은 군인들의 목숨을 앗아갔다. 그는 최고의 팀을 꾸려야

했고 뉴욕대에서 인턴을 하고 있던 의사 조나단 소크를 영입했다. 전자현미경도 없고 항체형광 진단법®도 없고 유전자 분석도 할 수 없던 그 시절, 그들이 할 수 있던 방법은 11일 된 수정란을 살균제로 깨끗이 소독해 수정란 안에 바늘로 바이러스를 주입하는 것이었다. 이틀 후 바이러스가 배양된 용액을 혈구와 반응시키는 방법으로 체액에서 분리해 나중에 혈구를 씻어내는 방식으로 정제했다. 정제한 바이러스 용액은 희석된 포르말린을 통해 불활화시켰고, 그렇게 연구를 시작한 지 1년이 채 안 되어 프랜시스의 팀은 인플루엔자 불활화 백신을 만들어냈다. 1942년에는 제대로 된 임상시험이나 규제가 갖추어지지 않았기 때문에 독감 시즌이 시작되기 전, 첫 번째 인플루엔자 백신은 디트로이트 웨인 카운티에서 운영하는 엘로이즈 정신병원과 입실란티 주립병원에서 8천 명의 정신질환자들에게 접종되었다. 접종 결과 인플루엔자 바이러스에 대항할 수 있는 면역 세포의 수준이 85% 증가했다. 이어서 프랜시스와 소크는 1943~1944년 독감 시즌에 대비해 미국 8개 대학과 5개 의과대학에서 육군 훈련 프로그램에 참여하는 1만 2천 500명을 대상으로 임상시험을 진행했다. 인플루엔자 A와 B형이 다 포함된 백신을 이중맹검으로, 절반은 백신을 접종받고 나머지 절반은 치료 효과가 없는 위약을 접종했다. 얼마 지나지 않아 인플루엔자는 유행했지만 심각

●　　항체에 형광 표지자를 붙여 특이적인 항원을 검출해 분석하는 방법이다.

한 증상이나 사망자는 나타나지 않았고, 조사 결과 백신 접종을 받은 그룹에서 2%만이 독감 증세를 보였다. 인플루엔자위원회는 1945년 가을에 모든 미군에게 인플루엔자 백신 접종을 하도록 명령했다. 그해 가을 B형 인플루엔자가 유행했고, 백신 접종을 받은 군인들 중 8%만이 인플루엔자에 감염되었다.

1947년에는 당시에 유행하던 아형에 따라 기존 백신의 효과가 없음을 발견했다. 1948년 WHO는 세계인플루엔자센터를, 1952년에는 세계 인플루엔자감시 및 대응시스템Global Influenza Surveillance and Response System(GISRS)을 설립해 전 세계적으로 유행하고 있는 인플루엔자 변이를 모니터링하고 그 데이터를 기반으로 백신주를 정해 백신 제조 시스템을 구축했다. 이 시스템은 현재도 사용되고 있으며 계절성 및 잠재적 유행성 인플루엔자 바이러스를 모니터링해 매년 백신주를 업데이트하고 있다. WHO에서는 1년에 2번, 각각 북반구와 남반구의 독감 백신에 포함시킬 백신주를 결정한다. 매년 다가오는 독감 시즌에 가장 일반적으로 유행할 것으로 예상되는 A형 2가지, B형 2가지 백신주를 선택해 4가지 백신주가 포함된 백신을 생산하는 방식이다.

숨은 퍼즐: 인플루엔자 변이

1957년 2월 동아시아 지역에서 신종 인플루엔자 A(H2N2)가 출현해 팬데믹을 일으켰다. '아시아 독감'이라 불린 이 바이러스는 8개의 유전자 조각 중 조류 인플루엔자의 HA, NA, PB1 유전자 조각과 인간의 H1N1 바이러스의 나머지 5가지 유전자 조각들로 재조합된 새로운 바이러스였다. 당시에 전 세계적으로 약 100만 명이 사망했다.

당시 월터리드 육군 연구소에서 일하던 힐먼은 이와 관련해 몇 년간 수집해 온 혈청을 분석한 결과 최근 혈청이 이전 인플루엔자 바이러스와 비교해서 변화한 것을 확인했으며, 서로 다른 인플루엔자 바이러스들 간의 유전자 재배열antigen drift이 일어날 수 있음을 밝혀냈다. 그는 곧 새로운 인플루엔자 바이러스의 유행이 있을 것을 혈청의 변화로 감지하고 백신 개발에 착수했다. 그해 2월에 유행한 아시아 독감은 9월 미국을 강타했고, 미국인의 사망률은 약 7만~11만 6천 명으로 추산된다. 많은 이들이 백신이 없었다면 미국에서 더 많은 사망자가 나왔을 것으로 분석했다.

백신이 개발되었던 시점에도 인류는 여전히 1918년에 유행했던 인플루엔자 바이러스를 실험실에서 확보하지 못했다. 1951년 미국 아이오와 대학의 박사 과정생이던 요한 홀틴Johan Hultin은 1918 인플루엔자 바이러스를 찾는 것을 박사 논문 주제로 정하고, 알래스카의 작은 마을 브레빅 미시온Brevig Mission으로 향했다. 1918 인플루엔자 팬데믹은 알래스카를 어김없이 공격했고 이누이트 부족이 집단으로 사망했기 때문이다. 그는 이누이트 부족의 시신이 알래스카의 영구 동토층에 매장되었기에 부패하지 않은 시신에서 활성이 있는 바이러스를 찾을 수 있을 것이라고 생각했다. 그래서 부족 장로들에게 허락을 받고 영구 동토층에 묻혀 있던 소녀의 시신에서 폐조직 샘플을 채취했다. 그 폐조직으로부터 바이러스를 분리하기 위해 샘플을 아이오와로 가져와 폐조직을 갈아서 나온 현탁액을 유정란에 주입했다. 그러나 아이오와까지 가져오는 과정에서 조직이 부패해 아쉽게도 그는 인플루엔자 바이러스 분리에 실패했다.

1970년대 후반에는 분자생물학적 실험 기법이 발전함에 따라 바이러스의 유전자 서열을 분석할 수 있는 방법이 개발되었다. 미군 병리학 연구소의 제프리 타우벤버거 Jeffry Taubenberger 박사팀은 연구 목적으로 보관 중이던 1918 인플루엔자로 사망한 미군의 폐조직에서 인플루엔자 바이러스 RNA 추출에 성공했으며, 1918 인플루엔자 바이러스의 8개 유전자 조각 중 3개의 단편 서열을 분석할 수 있었다. 완전한 펜데믹 인플루엔자 바이러스의 유전자를 분석하지는 못했지만, 3개의 조각을 분석한 것만으로도 큰 업적이라고 할 수 있는 결과였다. 이 소식을 들은 훌틴은 46년이 지난 1997년 다시 알래스카로 향했다. 훌틴은 타우벤버거와 함께 알래스카 영구 동토층에 매장된 "루시"라는 이누이트 여성의 폐조직과 연구를 위해 보존해 놓았던 전사 군인들의 폐조직에서 1918년 펜데믹을 일으킨 인플루엔자 바이러스의 전체 유전자를 분석했다. 이를 통해 1918 인플루엔자가 조류에서 유래했을 것이라는 예상을 깨고, 돼지로부터 기원했음을 밝혀냈다.

이후 1976년 뉴저지주 포트 딕스^{Fort Dix}에서 신병 2명이 인플루엔자 증상을 보이며 사망했다. 그들로부터 분리된 바이러스는 H1N1 바이러스였으며, 이는 1918년 팬데믹 인플루엔자 바이러스와 유사한 바이러스였다. 군인들의 혈청을 조사한 결과 약 200명의 군인이 감염되었고, 사람 간 전파가 이미 일어난 후였다. 사람들은 1918년의 악몽이 다시올까 두려워했다. CDC 국장이었던 데이비드 센서^{David Sencer}는 돼지 독감 팬데믹이 올 수 있다고 경고했고, 재선을 앞두고 있던 제럴드 포드 대통령은 정치적인 선택을 감행했다. 1976년 4월 15일 "전국 돼지독감 예방 접종 프로그램"에 대한 긴급 법안이 서명되고 6개월 후 포드 대통령과 유명인사들이 백신을 맞는 사진이 언론에 등장했다. 이후 10개월 간 미국 인구의 약 25%인, 4천 500만 명이 백신을 접종을 받았다.

인플루엔자 백신 접종을 받는 미국 제럴드 포드 대통령

백신의 대규모 접종과 국가적 대응

그러나 몇 가지 문제점이 등장했다. 대규모 백신 접종이다 보니 4개의 제약회사에서 백신을 생산했는데, 그중 한 제약회사가 잘못된 백신주를 200만 회나 생산해 어린이에게서 적절한 항체를 유도하지 못했다. 일반적인 임상시험 기간을 배제하고 신속하게 백신을 생산해야 한다는 부담감에 백신 접종 후 부작용 관련한 백신의 안전을 보장하지 못했다. 의회에서는 백신 부작용에 대해 제약회사를 면책하는 데 동의했다. 하지만 예상과는 다르게 돼지독감의 대유행은 나타나지 않았으며, 포트 딕스 외부에서 어떤 돼지독감 사례도 보고되지 않았다. 3명의 사망자가 나타났으나 이들은 심장병으로 인해 사망했으며, 보건 당국은 백신과 직접적인 연관성이 없다고 밝혔다. 그해 12월 15일까지 미네소타, 앨라배마, 메릴랜드를 포함한 10개 주에서 백신을 접종받은 사람들 중 근육마비 증상이 나타나기 시작했다. 이 증상은 '길랭-바래증후군Guillain-Barré syndrome(GBS)'으로 자신의 면역 체계가 신경 세포를 손상시켜 근육마비를 일으키는 질환이다. 대규모 백신 접종 캠페인 기간 약 450건의 GBS가 보고되었으며, 30명이 사망했다. 결국 12월 16일 이 백신 캠페인은 전면 중지되었으며, 포드 대통령은 재선에 실패했다. 과학자들은 백신과 GBS의 인과관계를 파헤치기 시작했다. 이후 연구에 따르면 실제 독감 백신 접종으로 인한 부작용보다 독감 바이러스에 감염되었을 때, GBS의 발병률이 높은 것으로 나타났으

4부 인류의 오랜 역사를 함께하다

며, 2009년 팬데믹 때 접종했던 H1N1 백신의 경우 GBS 관련 사례는 100만분의 2였다. 같은 기간 캐나다 퀘벡에서 백신을 접종받은 440만 명을 분석한 결과, 25명의 GBS 환자가 발생했다. 독감 백신을 접종하지 않은 사람 중에서 GBS를 보인 58명보다 대략 50% 낮은 수치였다. 중국은 약 9천만 명을 조사했는데, 단 11건의 GBS가 발생했으며, 이는 중국의 일반적인 GBS 발병률인 백만 명당 1.9명보다 현저히 낮은 백만 명 당 0.1의 비율에 불과했다.

1997년 WHO는 전 세계에서 유행하는 인플루엔자 바이러스를 모니터링하기 위한 웹 기반 인플루엔자 감시 도구인 플루넷FluNet을 출시했고, 각 국가가 매주 데이터를 업데이트하면 전 세계인들이 이 데이터를 공개적으로 사용할 수 있는 시스템을 구축했다. 2003년 FDA는 처음으로 코점막에 스프레이 형태의 독감 백신인 플루미스트FluMist를 승인했다. 플루미스트는 건강한 5~49세인 사람들이 사용하도록 승인되었으며, 바이러스를 약독화시킨 3가 생백신이다.

1995년 1918 팬데믹을 일으킨 인플루엔자 바이러스의 전장 유전체°가 다 밝혀진 이후, 과학자들은 당시 유행했던 바이러스를 실험실에서 인공적으로 만들고자 노력해 왔다. 일반적으

● 　전체 유전체 혹은 총 유전체라고도 하며 한 종의 유전정보를 저장하고 있는 DNA 혹은 RNA의 전체 염기서열을 의미한다.

로 바이러스 유전학을 연구할 때는 병을 일으키거나 실험실에서 배양한 바이러스의 유전자를 분석하는 방법을 사용했는데, 뉴욕 마운틴 시나이대학의 피터 펠레스Peter Palese는 역유전학 시스템reverse genetics system을 도입했다. 즉, 바이러스가 아닌 바이러스의 유전자 염기서열만을 알고 있는 상태에서 역으로, 인공적으로 바이러스를 만들어내는 방법을 이용했다. 1819 인플루엔자 바이러스 8개의 유전자 조각을 각각의 플라스미드* 형태로 만들었다. 팬데믹을 일으킬 만큼 강력하고 위험이 있는 프로젝트였기 때문에 펠레스가 만든 인플루엔자 플라스미드는 안전시설이 갖추어진 CDC에서 진행되었다. 그전에 CDC의 기관생물 안전위원회Institutional Biosafety Committee(IBC)와 CDC의 기관동물 관리 및 사용위원회Institutional Animal Care and Use Committee(IACUC)의 두 단계 승인을 거쳐야 했으며, 생물학적 안전 수준-3(BSL-3)**인 실험실에서 프로젝트가 진행되었다. 이 프로젝트는 2005년 테렌스 텀페이Terrence Tumpey 혼자서 진행했으며, 텀페이는 예방 목적으로 인플루엔자 항바이러스제를 복용하며 생

● 박테리아에서 염색체와 관계없이 자율적으로 증식하는 작은 고리형 DNA를 이야기하며, 유전학 연구에서 원하는 유전자를 세포에서 발현시키거나 발현을 억제시킬 수 있는 중요한 도구다.

●● 실험실에서 다루는 병원체나 미생물의 위험도에 따라 실험실의 안전 요건을 1에서 4까지 나눈 체계다. BSL-3는 중간에서 높은 위험도를 가진 병원체를 다루는 실험실에 적용된다. 각 수준은 연구원, 환경 및 외부 인구를 보호하기 위한 안전 조치에 따라 결정된다.

4부 인류의 오랜 역사를 함께하다

BSL-3 실험실에서
인플루엔자 실험을 하는 테렌스 텀페이

체 지문인식이 필요한 BSL-3 실험실에 들어갔다. 그는 펠리스의 8개의 플라스미드를 인간 신장 세포에 삽입했고 수 주 후에 1918 인플루엔자 바이러스는 실험실에서 다시 태어났다. 과학자들은 이렇게 부활한 1918 인플루엔자 바이러스로 병원성을 평가하기 위한 동물실험을 수행했고, 실험쥐에서 바이러스가 빠르게 증식해 감염된 지 3일 내에 죽는 것을 확인했다. 8개의 유전자 조각의 기능을 다 조사한 결과 1918 인플루엔자 바이러스는 각각의 모든 유전자가 팬데믹을 일으킬 만큼 위험성을 갖고 있었으며, 자연, 진화, 사람과 동물 간의 종간 이동 등이 혼합해 만들어낸 독특하고 치명적인 산물이었음이 드러났다.

인플루엔자와 인류의 끝없는 대결

2009년 새로운 H1N1 인플루엔자 바이러스가 유행하기 시작하자 WHO는 팬데믹을 선언했다. 이 바이러스는 인간, 조류, 돼지 인플루엔자 바이러스가 삼중으로 재배열된 새로운 변종이었다. WHO에서는 이를 공식적으로 A(H1N1)pdm09라고 명명했고, CDC는 수십 년간 수립된 전염병 대비 계획에 따랐다. 유행 초기에는 새로운 바이러스를 검출하기위한 실험실 진단 키트를 개발하고 미국뿐만 아닌 전 세계에 배포했다. 백신 제조회사에 제공할 백신 후보 바이러스를 신속하게 분리하고, 이렇게 생산된 백신을 FDA가 긴급사용을 승인하는 절차를 따라서 진행되었다. 팬데믹은 2009년 말에서 2010년 초까지 지속되었으며, 2010년 8월 WHO는 공식적으로 팬데믹의 종료를 선언했다. 전 세계적으로 약 만 8천 명이 H1N1으로 인한 합병증으로 사망했다고 보고되었으나, 후속 연구에서는 실제 사망자가 이보다 훨씬 많을 것이라고 추정하고 있다.

이후 H1N1 바이러스는 계절성 인플루엔자로 정착되었으며, 매년 아형이 달라질 수 있는 유행성 인플루엔자 바이러스의 특성상 우리는 현재 매년 거의 다른 백신을 접종하고 있다. 이러한 한계를 보완하고자 여전히 많은 과학자들이 연구에 매진하고 있다. 현재는 인플루엔자 바이러스 자체를 생산해 불활화

4부 인류의 오랜 역사를 함께하다

시키거나 단백질 재조합 기술을 이용해 바이러스가 세포에 침입할 때 세포와 결합하는 단백질인 헤마글루티닌과 바이러스가 세포에서 생산되어 주변의 다른 세포나 체외로 배출될 때 필요한 뉴라미데이즈를 이용한 백신을 생산하고 있다. 그러나, 헤마글루티닌이나 뉴라미데이즈는 가변성이 높기 때문에 과학자들은 덜 가변적인 인플루엔자 바이러스의 다른 단백질을 표적으로 한 백신을 개발 중이다. 인플루엔자의 바이러스의 막관통 단백질인 M2 단백질 중 외부에 위치한 단백질 엑토도메인(M2e) 부분은 보존성이 높아 차세대 백신 후보로 연구되고 있다. 실제 M2 단백질을 바이러스 유사 입자Virus-like particle에 발현되도록 개발한 백신(ACAM-FLU-ATM)은 임상 1상에서 안전성과 면역원성을 확인했다. 다양한 백신 플랫폼을 통해 M2e 부분을 항원으로 하는 여러 백신들이 개발되는 중이다. 그러나 동물모델에서 이환율은 감소시키나 충분한 중화항체를 유도하지 못해 독감을 완전히 예방하지는 못했다.

헤마글루티닌은 코로나 바이러스의 스파이크 단백질처럼 세포와 결합하는 항원결정기가 머리 부분이고 바이러스의 막단백질에 연결된 부분을 줄기 부분이라고 부른다. 가변성이 높은 헤마글루티닌의 머리 부분이 아니라 줄기 부분을 백신의 항원으로 이용하면 매년 다른 종류의 백신을 접종하지 않아도 되는 범용 백신에 대한 가능성을 두고 연구가 진행되고 있다. 혹은 하나의 머리 부분에 서로 다른 아형의 헤마글루티닌을 발현시키는 모자이크 헤마글루티닌 백신 개발도 진행 중이다. 또한, 뉴라이데이즈의 줄기 부분을 발현시키는 범용 백신도 개발 중에 있다. 2023년 5월 NIH 산하 국립 알레르기전염병 연구소National Institute of Allergy and Infectious Diseases(NIAID)에서는 범용 mRNA 인플루엔자 백신(H1ssF-3928 mRNA-LNP)에 대한 임상시험을 실시한다고 발표했다. 이 백신은 헤마글루티닌의 줄기 부분을 표적하며, 이미 지질나노입자lipid nano particle●제형의 백신으로 임상 1상을 마쳤으며 내약성이 우수하며 헤마글루티닌의 줄기 부분에 대한 광범위한 항체를 유도했다.

독감 백신은 늘 잘 작동하지 않는다는 오해를 갖고 있다. 독감 백신 이전 시즌부터 유행하는 인플루엔자 바이러스에 대한 분석을 통해 독감 시즌에 유행할 것 같은 바이러스를 예상하는 작업은 사실은 전 세계의 모니터링 시스템을 통해서 수많은 과학자와 수 만개의 샘플을 수집해 결정하는 일이다. 2019~2020년의 자료에 따르면 이 백신을 통해 미국에서 2만 명 이상의 사망자 수와 40만 명 이상의 입원률을 줄였고, 3천 800만 명의 인플루엔자 감염을 줄였다. 인플루엔자 바이러스의 글로벌 모니터링 시스템, 유전자 변이 데이터 베이스, 백신 개발 및 승인 절

● 지질 기반 전달 시스템으로 지질로 이루어진 막 안의 난용성 물질을 체내에 운반할 수 있는 기능을 한다. 대표적인 예로 불안정한 mRNA를 지질나노입자로 둘러싼 형태의 제형을 만들어 코로나19 백신으로 사용하고 있다.

차, 진단법 배포 등의 시스템은 인류가 코로나19 팬데믹에 맞서 싸울 수 있는 무기가 되었다. 그리고 반대로 코로나19로 성공한 mRNA 백신 플랫폼이 인플루엔자 범용 백신 개발에 대한 희망이 되길 바란다.

2
기후 위기에 맞선 뎅기열 백신

●

뎅기열^{Dengue fever}은 최근 몇 년간 한국에서도 심심치 않게 들리는 질병이다. 뎅기열이란 이름은 악령으로 인한 갑작스런 통증이나 발작을 뜻하는 아프리카 스와힐라어 키-딩가포포^{Ki-dinga pepo}에서 유래되었다는 설이 있으며, 카리브해 쿠바 쪽으로 넘어와 스페인어로 위험하다는 의미의 '뎅기'로 변형되었다는 주장이 있다. 또한, 뎅기열에 걸린 사람들이 심한 근육통과 관절통으로 인해 그 모습이 마치 잘난 체하거나 얌전 빼는 것으로 보인다 하여 영어의 덴디^{denddy}에서 왔다고 보는 설도 있다. 뎅기열의 또 다른 별명은 브레이크본열^{Breakbone fever}이다. 그만큼 증상이 심한 경우 치명적일 수 있는 질병이며 최근 들어 기후위기를 통해 전 세계를 위협하는 바이러스 질병이 될 것으로 주목받고 있다.

뎅기열은 뎅기 바이러스를 보유한 이집트숲모기^{Ades aegypti}와 흰줄숲모기^{Ades albopitus}로부터 사람에게 전염되는 열대 및 아열대성 감염병이다. 뎅기열에 걸린 사람은 대부분 증상이 경미하다. 심한 경우 고열, 두통, 몸살, 메스꺼움 및 발진이 일어나며 보통 1~2주 안에 회복된다.

뎅기 바이러스Dengue virus(DEV)는 플라비비리데과Flaviviridae의 플라비바이러스속Flavivirus family에 속하는 양성 단일가닥 RNA 바이러스다. 사람에게 감염되는 뎅기 바이러스는 4가지 혈청형 DEV-1, DEV-2, DEV-3, DEV-4이며, 이 4가지 전부 뎅기열, 뎅기출혈열 및 뎅기쇼크증훈군을 유발할 수 있다. 뎅기출혈열과 뎅기쇼크증후군은 15세 미만의 어린이와 청소년에게 더 심각하게 나타나고 있다. 그 이유는 뎅기 바이러스의 경우 처음 감염된 이후에 다른 혈청형의 뎅기 바이러스에 감염되면 증상이 더 심하게 나타나기 때문이다. 기존에 이에 대한 노출이 없던 어린이나 청소년에게 심각할 수밖에 없다. 심한 복통, 지속적인 구토, 잇몸이나 코의 출혈, 피로, 불안, 혈변, 창백한 피부 및 피로감 등이 나타나며 사망에 이를 수도 있다.

바이러스의 전 세계적 확산

뎅기열은 최근 수십 년 동안 전 세계적으로 급증하는 추세며*, 2000년 50만 건에서 2019년에는 520만 건으로 증가했다. 그러나 뎅기열은 무증상 감염이나 경미하게 감염되는 경우가 훨씬 많기 때문에 실제 뎅기 바이러스로 인한 감염률은 훨씬 더 높을 것으

● 뎅기열뿐만 아닌 모기가 병원체의 전달자 역할을 하는 말라리아, 지카바이러스, 치쿤구니아 등의 질병들이 이에 속한다.

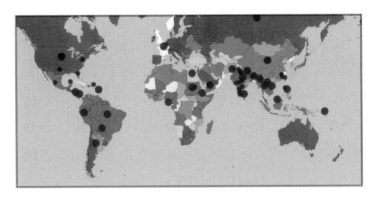

덳기열의 세계적 분포 현황

로 예상된다. 최근 연구에 따르면 기후변화가 뎅기열 발병에 영향을 많이 미치는 곳은 동남아시아 지역이었다. 하지만 이집트숲모기의 서식지가 기후변화로 인해 점점 넓어져 오면서 영국 남동부를 포함해, 유럽 및 중국 남부도 위험지역으로 보고되고 있다. 현재 아프리카, 아메리카, 동부 지중해, 동남 아시아 및 서태평양의 약 100개 이상의 국가에서 발생하는 풍토병이 되었다.* 한국도 더 이상 뎅기열의 안전지대가 아니다. 기후위기로 한국의 평균 기온 또한 상승하면서, 뎅기 바이러스의 벡터인 흰줄숲모기가 전국에 서식하고 있다는 것이 밝혀졌다. 질병청의 보고서에 따르면 2100년경이면 한국 대이집트숲모기 서식 적합 지역이 될 수

• 히말라야(네팔) 지역은 평균 온도가 전 세계 기후 변화의 속도보다 상대적으로 빠르게 상승했으며, 2006년부터 매년 뎅기열 환자가 증가해 왔다. 2022년에는 5만 건이 넘는 뎅기열 감염이 발생했고, 60여 명이 사망했다.

4부 인류의 오랜 역사를 함께하다

있다고 예상된다. 현재 한국 전역의 이집트숲모기 개체군 분포 조사에 따르면, 현재로서는 개체군 밀도가 낮아 토착화 위험은 낮지만 지속적인 모니터링이 필요하며 미래의 뎅기열 발생에 대한 모델링 연구 등을 통해 매개체 감시와 방역 체계 강화, 대응전략 수립이 필요할 것으로 보인다.

스스무 홋타, 전쟁 중에 피어난 열정

2차 세계대전 말기와 전쟁이 끝난 이후 일본은 바이러스성 전염병 연구의 보고가 되었다. 전쟁으로 인해 군인들의 전염성 질병이 늘어났고, 군인들의 이동과 위생 문제로 여러 가지 전염병들이 출현했다. 미국과 영국의 세균과 바이러스를 연구했던 수많은 의사들이 군의관으로 일본에 파견되었다.

뎅기 바이러스 또한 이러한 시대적 상황 속에서 그 질병과 백신에 관한 연구가 활발이 진행되었다. 1942~1944년 2차 세계대전 중이던 여름, 일본 나가사키 지역에서 뎅기열이 유행하기 시작했다. 온대 지방인 일본에서 열대성 질병이 유행했던 이유는 태평양과 동남아시아의 전쟁으로 폐허가 된 지역에서 많은 민간인, 선원 및 군인들이 일본의 여러 항구도시로 돌아오기 시작했기 때문이었다. 뎅기열 연구를 위해 일본의 연구자들이 나가사키에 모였고, 1943년 일본의 스스무 홋타Susumu Hotta에 의해 뎅기 바이러스가 처음 분리되었다. 그는 1942년 나가사키 지역의 뎅기 유행에 대한 역학 조사를 하고 있었고, 모치즈

키Mochizuki라는 환자의 혈액에서 뎅기 바이러스를 분리하는 데 성공했다. 미국의 알버트 사빈과 월터 슐레진저Walter Schlesinger는 이듬해에 뎅기 바이러스 분리에 성공했다. 이 두 그룹이 분리에 성공한 뎅기 바이러스는 후에 DEV-1 혈청형으로 밝혀졌다.

홋타는 뎅기 바이러스 연구를 위해 전쟁 중임에도 매년 여름마다 교토에서 나가사키로 향했고, 1945년 연합군이 나가사키에 원자폭탄을 투하했을 때까지 그의 열정은 계속되었다. 원자폭탄 투하로 철도가 파괴되고 그와 함께 연구하던 나가사키대학의 동료들은 모두 사망했다. 이런 가운데 세계 최초로 분리한 뎅기 바이러스일지라도 전쟁 중에 이를 보관하는 것은 쉽지 않은 일이었다. 동결 건조기는 고사하고 잦은 정전으로 인해 온도가 계속 변하는 냉동고는 오히려 바이러스의 활성을 파괴할 수 있어서 무용지물이었다. 그는 생쥐에 바이러스를 연속해서 접종함으로써 바이러스의 활성을 유지하고자 필사적으로 노력했다. 전쟁 후 경제적으로 황폐해진 일본의 상황은 모든 것이 부족했고, 심지어 자신의 몫으로 배급된 식량의 일부를 실험쥐에게 나눠주며 바이러스를 유지했다. 실험쥐 공급마저 어려워지자, 홋타의 어머니는 바이러스를 자신의 몸에 접종해 전염성 있는 바이러스를 유지했다. 이후 5번째 계대한 쥐의 뇌 현탁액을 접종받았고, 홋타는 접종 후 어머니의 임상 증상을 꼼꼼히 기록해 자신이 세계 최초로 분리한 뎅기 바이러스가 어머니에게서 뎅기열 증상을 일으켰음을 임상 보고서로 발표했다.

그는 전쟁 말기에 그의 건물이 폭격받을까 염려해 보온병에 얼음을 채우고 분리한 바이러스를 항상 휴대하고 다녔다. 전쟁이 끝난 후에는 미국 워싱턴 대학에서 뎅기 바이러스의 세포배양에 대한 연구로 박사학위를 받고, 1957년 고베 의과대학의 교수가 되어 일본으로 돌아갔다. 그의 임용을 통해 고베 대학은

홋타 스스무

국제의학 연구센터를 설립하고 국제협력 의학교육 및 연구를 촉진하는 데 큰 기여를 했다. 또한 홋타는 뎅기 바이러스를 비롯한 여러 열대지역의 바이러스 연구에 힘썼으며, 고베대학 퇴직 후 가나자와의과대학의 열대병 연구소장을 역임했다.

목숨이 왔다갔다 하는 전쟁에서는 서로의 칼끝으로만 사람이 죽지 않는다. 전쟁을 통해 세계 여러 나라의 군수물자와 사람들이 이동하고 그들과 함께 바이러스를 품고 있는 모기들도 소리 없이 이동해 새로운 환경에서 수많은 새로운 숙주를 만난다. 홋타에게는 전쟁으로 인한 모기들의 이동이 뎅기 바이러스를 연구할 수 있는 우연한 기회가 되었다. 그러나 그 전쟁으로 자신의 연구 자산을 잃을지도 모른다는 두려움은 어쩌면 전쟁과 함께 바이러스 역사의 황금기를 지나온 모든 과학자들의 삶이 아니었을까.

뎅기 백신 개발: 도전과 혁신의 연대기

뎅기 백신은 약독화 생백신, 불활화 백신, 재조합 소단위 백신, 바이러스 벡터 백신, DNA 백신 등이 다양하게 연구되고 있다. 이들은 주로 뎅기 바이러스의 외피 단백질인 E 단백질과 비구조 단백질 NS1에 대한 면역반응을 유도하는 기작을 중심으로 한다. 가장 처음으로 개발되어 승인된 뎅기 백신은 사노피Sanofi의 덩박시아Dengvaxia다. 이 백신은 공통적으로 플라비바이러스Flavivirus에 속하며 모기를 매개로 발생하는 황열병 바이러스 백신인 YF17D 바이러스의 유전자를 기본 골격으로 사용한다. 황열병 바이러스의 prM(pre-membrane)/E(Envelope)RNA 부분을 유전자 조작으로 제거하고 대신 그 자리에 4가지 뎅기 바이러스 혈청형의 E 단백질 서열로 교체한 키메라 백신Chimeric Vaccine●이 사용된다. 덩박시아는 푸에토리코, 라틴 아메리카 및 아시아 태평양 지역의 3만 5천 명을 대상으로 한 임상시험에서 이전에 뎅기열을 앓았던 9~16세 아동 및 청소년의 뎅기열을 예방하는 데약 76%의 방어 효과를 보였다. 그러나 이전에 감염되지 않았던 사람이 백신을 접종할 경우 오히려 뎅기열에 걸릴 위험이 더 높다는 것이 밝혀졌다. 뎅기열을 오랫동안 연구한 미국의 스캇 홀스테드Scott Halstead는 이러한 현상은 항체의존 면역증강Antibody-de-

---

● 2개 이상의 다른 바이러스나 병원체의 유전자를 조합해 만드는 백신으로 단일 백신으로 복합적인 보호 효과를 제공할 수 있다.

4부 인류의 오랜 역사를 함께하다

pendent enhancement(ADE)이라고 밝혔다. 예를 들어, 뎅기 바이러스
에 1차로 감염되면 체내에서는 바이러스에 대한 항체를 만들어
낸다. 항체가 바이러스와 결합하면 이를 식세포나 보체가 인식
해 바이러스를 분해시킨다. 두 번째 감염이나 백신 접종 이후에
동일한 혈청형의 바이러스가 아니거나 변이가 있는 바이러스에
감염될 경우 기존에 생성된 항체와 두번째 감염된 바이러스와
의 친화도나 결합력이 낮을 수 있다. 결국 식세포나 보체가 바이
러스를 분해하지 못하고, 바이러스는 면역 세포를 죽이고 활발
하게 복제된다. 즉, 바이러스가 면역 세포의 식균작용을 기만해
첫번째 감염이나 백신에 의해 생성된 숙주의 항체를 오히려 '트
로이 목마'●처럼 이용해 감염이 증가되는 현상이다. 그러나 이
미 뎅기 바이러스에 감염된 적 있는 사람의 경우는 백신 접종이
실제 바이러스 접종으로 이뤄지는 게 아닌, 뎅기 바이러스의 단
백질을 발현해 단백질에 대한 항체를 생성시키기 때문에 첫번
째로 감염된 항체뿐만 아닌, 백신으로 인한 4가지 혈청형에 대
한 항체 생산을 유도해 항체의존 면역증강 같은 현상이 일어나
지 않는다. 항체의존 면역증강은 뎅기 바이러스와 같은 플라비

● 바이러스가 면역 시스템을 속여서 자신에게 유리한 상황을 만드는 현상
   을 설명하는 데 사용된다. 고대 그리스 신화에 나오는 트로이 목마는 그
   리스 군대가 트로이 성을 함락시키기 위해 목마 속에 군사들을 숨기고,
   트로이 사람들에게 선물로 속여 성 안으로 들여보낸 후 목마에서 나와
   도시를 점령한 전략을 가리킨다.

바이러스 종류(뎅기 바이러스, 황열 바이러스, 지카 바이러스)에서 주로 관찰되고 있다. 이러한 이유 때문에 2018년 WHO에서는 뎅박시아 접종 시 뎅기 바이러스에 대한 항체 유무를 검사하고 양성인 경우에만 백신을 접종하라고 권고했다.

NIH에서는 4가지 혈청형이 다 포함된 약독화 생백신을 개발해 임상시험 중이다. 4가지 다른 바이러스를 백신으로 만들기 어려운 이유는 각각의 바이러스의 감염성이 차이를 보이기 때문이다. 바이러스의 유전자에서 단백질을 코딩하지 않은 부분을 비번역부위untranslated region라고 부르는데, 여러 연구를 통해 뎅기 바이러스의 비번역부위는 단백질을 코딩하지 않아 RNA 복제 과정에서 중요한 역할을 한다는 것이 밝혀졌다. 이 비번역부위에 염기서열을 변형시키면 이미 존재하는 바이러스의 RNA를 주형으로 단백질을 만들 수는 있지만, RNA 복제는 되지 않아 바이러스 증식이 되지 않는 약독화 백신을 만들 수 있다. 이를 이용해 NIH는 2가지 다른 혈청형의 키메라 백신주를 유전학적으로 만들었고, 각각의 예상 백신주들의 안전성과 면역원성을 평가했다. 그 후 네 가지 재조합 백신주(1형: rDEN1D30, 2형: rDEN2/4D30, 3형: rDEN3D30/31, 4형: rDEN4D30)에 용량의 변화를 주면서 가장 높은 면역원성을 나타내는 조합을 찾아냈고, 이로써 'TV005'의 백신 조합이 개발되었다. 특히 2형과 4형 키메라 백신주의 농도가 다른 혈청형에 비해 높은 TV005 백신이 백신 접종자의 90%에서 상대적으로 균형 잡힌 면역반응을 유도했다.

또 다른 약독화 백신은 태국에서 개발된 DEV-2형(DENV2 PDK-53)을 주형으로 나머지 혈청형을 포함하는 키메라 백신 DENVax(TAK-003)이며 이 백신은 임상시험을 성공적으로 마치고, 2024년 5월에 WHO로부터 사전 자격을 획득한 상태다. 증상이 있는 뎅기열에 효과적이며, 혈청이 음성인 사람에게도 안전한 것으로 알려져 항체의존 면역증강이 나타나지 않는 것으로 밝혀졌으나 DEV-2형 이외의 혈청형에 대해서는 효능이 높지 않은 것으로 보인다. 이 백신은 아르헨티나, 브라질, 인도네시아 및 유럽연합European Union(EU)으로부터 승인받았다.

그동안 시장성과 경제성 그리고 질병에 대한 접근성이 낮아 외면받던 뎅기 백신 개발은 아이러니하게도 뎅기열의 위험이 고소득 국가로 전파가 예상되면서 주목을 받고 있다. 현재 불활화 백신, DNA 백신, 재조합 단백질 백신 등 다양한 플랫폼으로 개발되고 있으며, 약 15가지 백신들의 임상시험이 진행되고 있다. 그럼에도 기존에 다양한 뎅기 백신이 지닌 문제점을 단 하나의 플랫폼으로 해결하기는 힘들어 보인다. 따라서 뎅기 바이러스의 독특한 특성상 각각의 단점을 보완할 수 있는 다른 플랫폼 백신의 교차 접종에 대한 논의도 대두되고 있다.

3
바이러스와의 이중 전투
: 수두대상포진 백신

●

몇 년 전부터 화장품 업계에서는 핑크 파우더가 등장했다. 칼라민이라 부르는 이 핑크 파우더는 오래전 수두에 걸렸을 때 바르던 핑크 로션과 같은 성분이다. 칼라민은 아연화(산화아연)와 산화철을 혼합한 핑크색 분말로 소염, 항균, 피부 진정 효과가 있어 수두로 인한 발진을 진정시키는 용도로 사용했다. 예전에는 초등학교 저학년 교실이나 놀이터에서는 다리와 팔에 이 핑크색 물약이 건조된 흔적이 고스란히 남아 있던 친구들을 종종 볼 수 있었는데, 현재는 이 바이러스의 복제 자체를 약화시키는 항바이러스제가 있기 때문에 칼라민 로션을 보기 쉽지 않다.

수두의 대표적인 증상은 발진이다. 발진은 흔히 일어나는 피부질환으로, 보통은 알레르기로 일어나는 것인지 바이러스 감염으로 일어나는 것인지 일반인들은 구분하기 힘들다. 더군다나 바이러스성 발진의 경우 과거에는 '수두chicken pox'라는 단어로 하나로 묶어서 그들을 구분하기가 쉽지 않았다. 이 수두라는 단어에는 페스트, 천연두, 매독, 홍역, 풍진 그리고 진짜 수두가 다 포함되어 있었기 때문이다. 과학이 발전하고 이들 발진을 나타내는 수두들이 다양한 병원체에 의해 발생하는 각각 다른 질병임이 밝혀진 것은 그리 오래되지 않는다.

수두대상포진 바이러스Varicella-zoster virus(VZV)는 보통 어릴 적에 감염되면 수두라고 불리는 발진을 일으키고, 동일한 바이러스가 성인에게서 감염되는 경우에는 대상포진을 일으킨다. VZV가 호흡기를 통해 감염되면 피부와 말초신경계통을 감염시켜 3~4일간의 발진 증세를 일으키며 발진이 일어나기 1~2일 전이 전염성이 가장 높다. 세균성 폐렴, 기관지염 등의 호흡기 질환의 합병증이 발생하기도 하며, 회복된 이후에 신경계에 잠복해 만성 감염을 일으킨다. VZV는 헤르페스바이러스과Herpes-viridae의 바리셀라바이러스속Varicellovirus에 속하며 헤르페스로 알려진 단순포진 바이러스herpes simplex virus(HSV)와 구조적으로 유사하며, 이중가닥의 DNA 바이러스다. 18세기 중반까지는 특이적인 질병 요인으로 인식되지도 않았고, 19세기 말까지는 천연두와 혼동되어 쓰이기도 했었다. 1875년 루돌프 슈타이너Rudolf Steiner가 급성 수두 환자의 수포액을 실험 지원자에게 접종해 수두가 '감염될 수 있는 물질'에 의해 유발되는 것을 증명했다.

수두와 대상포진의 관계

폴리오 바이러스의 조직 배양 연구를 통해 노벨 생리의학상을 수상했던 열대 의학 전문가 토머스 H. 웰러Thomas H. Weller는 인간 배아 조직에 수두 또는 대상포진 환자의 수포액을 접종해

호산구성 핵내 봉입체^{inclusion body}°가 생성되는 것을 입증했으며, 이 과정에서 최초로 VZV를 분리했다. 수두와 대상포진과의 관계는 종종 대상포진 환자에게 노출된 아동이 수두 증상을 나타내는 것을 통해 발견되었으며, 천연두 백신처럼 대상포진 환자의 수포액을 수두를 앓지 않은 아이들에게 접종하는 시도를 했으나 성공하지 못했다. 20세기 중반 소아과 의사 조셉 가랜드 Joshep Garland는 대상포진이 단순포진 바이러스 감염처럼 1차에 감염되었다가 잠복 감염으로 체내에 숨어 있다가 재활성화될 수 있다고 의심했다. 그러나 수두와 대상포진의 관계는 분자생물학적 기술이 발달되기 전까지는 실제로 증명할 수 없었다. 이에 웰러는 형광 분석법을 이용해 수두와 대상포진을 유발하는 바이러스가 세포배양에서 증식할 때 항원적으로 동일하다는 것을 증명했고, 이후에 전자현미경 기술이 발달하면서 두 바이러스는 동일한 바이러스임이 밝혀지기 시작했다.

VZV는 주로 감염된 환자의 피부에서 배출된다. 피부 수포에는 에어로졸화^{aerosolization}°°될 수 있는 감염성이 높은 바이러스로 가득 차 있으며, 호흡기를 통해서도 확산이 가능하다. 1차적으로 감염이 되면 바이러스가 증식해 소포가 형성되고, 이러한 바이러스 증식을 조절할 수 있는 면역이 유도된다. 이는 항

● 　바이러스 감염 시 숙주 세포의 핵에서 특징적으로 나타나는 구조

●● 　액체나 고체가 작은 입자나 방울 형태로 공기 중에 분산되는 과정을 의미한다.

　　　　　　　　　　　　　　　　4부 인류의 오랜 역사를 함께하다

체가 아닌 CD4 림프구와 CD8 림프구가 활성화되는 특징을 가지고 있다. VZV에 1차로 감염된 사람들의 약 75%가 VZV의 평생 잠복을 경험하며, 재활성화되어 잠복해 있던 감각 신경절에서 피부 아래 신경으로 퍼지면서 대상포진이 나타나게 된다. VZV의 재활성은 노인과 면역저하자에서 두드러지게 나타났고, 이를 통해 대상포진은 바이러스에 대한 세포 매개 면역반응이 조절되지 않을 때 발생하는 것으로 밝혀졌다. 20세기 후반에 효소면역 흡착법 Enzyme-linked immunosorbent assay(ELISA)*과 세포막 항원형광 항체법 fluorescent antibody to membrane antigen(FAMA)** 등이 개발되면서 VZV에 대한 면역이 있는 사람을 판별할 수 있게 되었다. 50세 미만의 사람들 대부분은 어릴 적 감염된 VZV에 대한 항체로 인해 세포막 항원형광 항체검사에서 항체 역가를 보이고, 양성 림프구 자극 반응을 보였으나, 50세 이후에는 항체 검출은 가능하지만 바이러스에 대한 세포면역 반응 즉, 바이러스가 증식했을 때 이를 억제하는 면역이 소실되었다는 것이 증명되었다.

---

* 효소를 표식자로 하여 항원-항체반응을 이용한 항원이나 항체의 양을 측정하는 실험법
** 수두에 대한 면역력을 평가하는 표준 진단법

첫 백신 개발과 수두 치료제

미키야키 타카하시Michiaki Takahashi는 일본에서 바이러스를 전공한 의학자로서 1963~1965년 미국 텍사스 베일러대학과 필라델피아 템플대학에서 유학했다. 그가 텍사스에 체류할 당시 일본인 이웃에게서 잠시 그의 딸을 돌봐달라는 부탁을 받았다. 아들과 또래였던 이웃 아이를 돌보던 그날 저녁, 타카하시는 아이의 머리에 물집 같은 발진이 생긴 것을 발견했다. 불행하게도 2주가량이 지나자, 타카하시의 아들 얼굴에 발진이 생기면서 온몸으로 빠르게 퍼졌다. 체온이 오르고, 호흡곤란이 왔지만, 그는 수두에 대한 효과적인 치료법이 없다는 사실에 뜬눈으로 밤을 세웠다고 《파이낸셜 타임스》 인터뷰에서 밝혔다. 아픈 아들을 지켜보면서 바이러스에 대한 지식을 활용해 꼭 수두 백신을 개발해야겠다는 결심을 했다고 이야기했다. 1965년 일본으로 돌아간 타카하시는 3살 소년의 수포에서 수두를 일으키는 VZV를 분리했다. 이를 무려 9년간 34도의 낮은 온도에서 인간 배아 폐세포를 이용해 11회, 37도에서 기니아피그 배아 세포를 이용해 12회, 인간 세포주 WI-38와 MRC-5를 이용해 약 10회 연속 배양을 한 결과, 약독화에 성공했다. 이렇게 오랜 시간 동안 여러 종류의 세포와 동물을 이용한 이유는 백신으로 사용할 수 있을 만큼 면역 시스템을 활성화시키면서 병을 일으키지 않는 특이적인 백신주를 찾기 위해서였다. 이 백신주는 수포의 주인공이었던 3세 아이의 성을 따 오카^{oka}주로 명명되었고, 마침내 오카주 기반의 '바리박스 Varivax' 백신이 개발되었다.

소아병동에서 수두가 유행하기 시작했을 때, 수두 병력이 없고 항체가 없는 같은 병동의 23명의 소아에게 접종한 결과, 모두에게 항체 반응을 유도했다. 병동에서는 더 이상의 수두 유행이 일어나지 않았다. 그는 또한 신장염, 신증후군 등을 앓는 수두 고위험군 소아에게 백신을 접종했고, 임상적인 반응이나 증상 없이 모두 면역학적 반응이 나타나는 것을 관찰했다. 이 백신주는 현재도 소아들이 접종하고 있는 수두 백신과 고령자가 맞는 대상포진 백신에 사용되고 있다.

처음 수두 백신이 미국에 소개되었을 때 많은 논란이 있었다. 당시에는 VZV와 유사한 단순포진 바이러스가 자궁경부암의 원인으로 잘못 알려져 있었기에 발암 가능성에 대한 염려가 있었다. 이에 따라 백신주가 잠복 감염을 일으킬지도 모른다는 불안감과 함께 수두는 백신 접종을 하기엔 너무 가벼운 질병이라는 의견들이 논란의 중심에 있었다. 당시에는 VZV가 초래하는 선천성수두증후군[*], 중증의 용혈성 연쇄상구균과 같은 감염의 위험에 대해 알지 못했다.

● 임산부가 20주 이내에 VZV에 감염되면 바이러스가 태아에게까지 전달되어 신생아에게 선천성수두증후군이 발생할 수 있다. 이와 관련해 신생아의 저체중, 사지 형성 저하, 부분적 근육 위축, 뇌염 및 소두증 등 다양한 이상 소견이 보고되고 있다.

1980년대 분자생물학적 기술이 발전함에 따라 VZV 연구에서 자연에서 감염되는, 약독화 과정을 거치지 않은 야생형 VZV와 오카 백신주를 구별할 수 있게 되었다. 이 방법을 통해 수두백신 접종자들의 대상포진과 돌발성 수두와 같은 임상증상을 이해할 수 있었으며, 분자 연구는 오카 백신주의 약독화 원인의 실마리를 찾는 기회도 가져왔다. 또한, 1980년대 아시클로버 Acyclovir®라는 단순포진 바이러스 치료제가 개발되어, 수두 증상이 나타났을 경우 VZV 치료에 매우 효과적인 약물임이 입증되었다. 또한, 수두대상포진에 대한 면역력을 제공하는 글로불린을 이용한 면역 치료 방법도 개발되었다. 이를 통해 그동안 백신을 접종하기 힘들었던 면역 저하 아동에게도 백신 접종이 가능해졌다. 백혈병 어린이 500명 이상이 오카 백신을 접종받았고, 이들은 접종 전후 1~2주 동안 항백혈병 유지요법**을 중지했다. 백신 접종 1개월 후, 약 25%의 아이들에게는 50개 이상의 백신으로 인한 소포가 나타났고, 더 이상의 백신주 증식을 막기 위해 아시클로버를 투여했다. VZV에 대한 백신의 효과는 약 85%로 나타났다. NIH와 협력한 이 연구를 통해서 백신 접종자들을 지속관찰했으며 VZV에 감염되었을 경우에는 수두대상포

- 바이러스가 세포내에서 바이러스의 DNA 합성을 저해하는 기작을 가진 항바이러스제
- ● 항암 치료를 마친 후에 재발을 막기 위해 장기간 항암제를 투여하는 항암 요법

4부 인류의 오랜 역사를 함께하다

진 면역 글로불린으로 수동면역을 일으켜 심각한 수두를 예방할 수 있었다. 당시 이 시험에 참여했던 이들은 백혈병과 수두 백신의 장기 생존자로서 30년 넘게 건강하게 살아가고 있다. 수두 백신은 1995년 미국에서 1~12세 아동을 위한 표준 예방 접종에 포함되었다.

같은 바이러스, 다른 백신
: 대상포진 백신

이 무렵 과학자들은 수두 백신의 세포면역 유도를 강화하면 대상포진에 대한 치료 백신을 개발할 수 있을 것으로 기대했다. 그래서 1980년대 초 다양한 용량의 수두 백신으로 잠복 감염의 가능성과 대상포진 발병의 위험성이 있는 60세 이상의 4만 명을 대상으로 임상시험을 수행했고, 기존의 수두 백신이 대상포진을 예방하는 데 효과가 있음을 입증했다. 이러한 연구 결과를 바탕으로 개발된 조스타박스Zostavax는 바리박스보다 약 14배 많은 평균 2만 개의 오카 백신주를 함유하며, 노인의 세포면역을 유도하고 무엇보다 안전했다. 백신이 도입되기 전 미국의 수두 발병률은 연간 400만 건, 대상포진은 연간 100만 건에 달했는데, 동일하지만 농도가 다른 수두대상포진 백신은 공중보건학적으로 질병의 부담률을 낮추는 데 큰 공헌을 했다. 그러나 조스타박스의 판매사였던 머크는 부작용에 대해 경고하지 않았으며, 미 전역에 백신이 판매된 이후 백신의 효과가 기대한 것보다 높게 나타나지 않았다. 또한 높은 바이러스 농도로 인해 실명, 대상포진 및 중추 신경계 손상과 같은 부작용이 발생하기 시작했으며 사망으로까지 이어지는 케이스들이 발생했다. 2020년 7월부터 조스타박스는 미국에서 판매 및 사용이 금지되었고, 2017년에 승인받은 재조합 대상포진 백신인 글락소스미스클라인의 신그릭스Shingrix가 현재 유일하게 사용되고 있다. 신그릭스는 50~69세의 성인의 대상포진 위험을 96% 줄이며, 70세 이상에서 91.3%의 대상포진 예방 효과를 보였다. 신그릭스는 중국 햄스터 난소세포인 CHO에서 VZV의 표면 단백질만을 발현하도록 만든 백신이다. 현재 모더나에서는 mRNA 백신 기술을 통해 대상포진 백신을 개발하고 있다고 발표했다.

대부분의 국가들은 수두 백신을 일상적인 백신 접종 정책에 포함시켰으나 영국은 수두 백신 접종을 소아 백신 정책에 포함시키지 않았다. 그 이유는 백신 접종에 들어가는 비용과 아이들이 수두에 감염되었을 시 부모들이 일주일 동안 아이들을 간호하느냐 일을 하지 않았을 경우의 소득이 상쇄될 수 있다는 경제학적 계산이었다. 또한, 노년층이 대상포진에 감염되었을 경우, 그들로부터 아이들이 면역을 얻을 수 있다는 분석도 있었다. 그래서 현재 VZV에 노출 위험이 있는 의료 종사자만을 대상으로 백신 접종을 권고하고 있다. 영국에서는 매년 20여 명의 어린이들이 VZV로 사망하고 있으며, 꾸준히 수두가 유행하고 있다.

이에 최근에는 수두 백신을 소아 백신 정책에 포함시켜야 한다는 의견이 대두되고 있으며, 많은 국가에서 끊임없이 관련 백신의 정책적인 사용과 경제적인 효과를 저울질하고 있다.

4
간염 백신

간염Hepatitis은 간세포 조직에 염증이 생기는 질환을 의미하며 바이러스, 약물, 화학 약물, 알콜 등으로 인해서 발병한다. 흔히 바이러스성 간염이라고 하면 A형, B형, C형 간염 바이러스가 익숙하나, 현재까지 D형, E형, G형 등의 간염 바이러스 종류가 많으며, 아직까지 정의가 불분명한 간염 바이러스 그룹이 적어도 4가지가 더 있는 것으로 알려져 있다. 또한 많은 사람들이 각 간염 바이러스가 같은 종류의 바이러스인 것으로 이해하는 경우가 많은데, 사실 이들 바이러스들은 분류학적으로 다르며, 현재까지 개발된 백신은 A형과 B형 간염 바이러스에 해당하는 것뿐이다.(이에 따라 이 장에서는 백신이 유효한 A형과 B형 간염 바이러스 백신에 한해 이야기할 예정이다.)

간염의 역사는 기원전 400년경부터 간염에 대한 기록이 있었던 것으로 보이며, 전염성이 있다는 개념은 서기 700년 이후부터 1700년대까지 황달이라는 뚜렷한 임상증상과 함께 기록되었다. 1960년대가 되어서야 간염을 유발하는 바이러스가 확인되었으며, 19세기 말에는 천연두 백신 접종으로 인한 간염 유발, 매독 치료를 위한 비소 주사 등이 간염 발병과 연관성이 있다는 것이 밝혀졌다. 이후 1942년 황열병 백신 생산 과정에서 사용된 인간 혈청의 오염으로 인해 황열병 백신을 접종받은 미군 약 5만 6천 명에게서 간염이 발생하면서 간염 바이러스는 많은 경우 주사기의 재사용 혹은 혈액(혈청)을 통해 전염되는 것이 증명되었다.

백신으로 맞서는 A형 간염의 위협

A형 간염 바이러스는 피코르나비리데과Picornaviridae, 헤파토바이러스속Hepatovirus에 속한다. 단일가닥의 RNA 바이러스로 사람과 일부 영장류에서만 감염을 일으킨다. A형 간염은 일반적으로 단기 감염이며 만성 감염으로 진행되지 않는다. A형 간염 바이러스에 감염되면 몇 주에서 몇 달 동안 증세가 나타날 수 있으며 일반적으로 회복된 이후에 지속적인 간 손상은 없으나, 고연령이나 만성 간 질환이 있는 사람들의 경우는 간부전이나 사망에 이를 수 있다. A형 간염 바이러스는 감염된 사람의 대변과 혈액을 통해 감염되며 감염된 사람을 밀접 접촉 혹은 성적 접촉하거나, 오염된 음식이나 음료를 섭취하거나, 주사기 등을 재사용했을 경우 감염될 수 있다.

A형 간염 백신은 힐먼의 주도로 개발되었다. 그는 당시 A형 간염이 특히 흔하게 일어났던 코스타리카 지역 환자의 검체를 마모셋*에 감염시켜 CR326라는 이름의 A형 간염 바이러스 변

이를 분리하고 이 변이 바이러스가 인간에게 직접적으로 질병을 일으키는 원인임을 증명했으며, 바이러스 및 항원에 대한 혈청학적 분석법을 개발해 질병의 혈청학적 조사를 할 수 있는 계기를 마련했다. 이어서 힐먼은 CR326 백신주를 마모셋의 간에서 정제해 포르말린을 이용한 사백신을 개발했다. 배양된 백신 바이러스를 포르말린과 혼합해 15일이 경과하면 포르말린이 단백질을 교차 연결해 바이러스의 구조는 그대로 유지되나 그 활성을 불활화시키는 원리를 이용했다. 이 백신은 마모셋에서 강력하게 면역을 유도했으며 백신 접종 후 활성 바이러스를 접종하는 공격 접종 실험에서 100% 보호면역을 나타냈다. 1979년에는 붉은털 원숭이 신장 세포에서 유래한 WI-38 세포와 인간 섬유아세포인 MCR-5 세포가 개발됨에 따라 동물이 아닌 세포배양으로 A형 간염 바이러스를 연속 계대해 약독화 생백신을 개발했다. 임상시험을 통해 약독화 생백신을 접종한 피험자들은 중화항체를 생성했으며, 이들에게 간염이나 심각한 간 기능 장애가 나타나지 않았다. 효과 면에서는 생백신이 유용했지만, 기존의 사백신 기술은 백신의 생산, 규제 및 승인에 있어 속도가 빨랐다. MRC-5 세포에서 배양된 CR326 바이러스를 포르말린으로 불활성화시킨 사백신은 순도가 95% 이상으로 알루미늄 보조제로 제형화되었다. 광범위한 임상시험을 통해 A형

● 　소형 원숭이의 한 종류로, 주로 남미에 서식한다.

간염 사백신은 안전하고 면역원성이 높으며 100~200나노그램의 적은 용량으로 높은 보호면역을 유도했다. 현재 접종되고 있는 A형 간염 백신은 1회 접종으로도 95% 이상이 예방 가능하며, 50% 정도의 낮은 접종률로도 집단면역을 유도할 수 있다.

하지만 여전히 그 한계는 존재한다. 충분히 백신으로 예방 가능한 질병임에도 불구하고 2018년 미국에서는 12,474건의 A형 간염 사례가 대거 발생했다. 2016년 이후 미국 전역에서 마약 주사 시 주사기 재사용, 남성 사이의 성 접촉 및 노숙자들 사이의 A형 간염 사례가 폭증했기 때문이다. 한국의 경우 2019년 20~40대 젊은 세대에서 A형 간염 사례가 급증했다. 역학 조사 결과 오염된 조개젓으로 인해 시작되었으나, 상대적으로 다른 연령에 비해 항체가가 낮은* 20~40대가 취약한 상황이 되었다. 즉, 50대 이상은 위생 문제로 어릴 때 자연면역이 형성되었을 것으로 보이고, 20대 미만은 소아 백신 접종으로 항체를 보유할 수 있었기 때문에 두 그룹에 속하지 않은 20~40대 젊은층이 고위험군으로 나타난 결과다. 이를 통해 A형 간염 백신은 오늘날 그 효과가 매우 효과적이며 대부분의 경우 질병 예방에 효과를 보이나, 특정 인구 집단에서의 감염 위험은 여전히 존재한다는 것을 알 수 있다.

●   특정 감염병에 대한 항체의 농도가 낮다는 것을 의미한다. 감염병에 대해 충분한 면역반응을 나타내지 않아 감염에 대한 저항력이 떨어진 상태다.

인류 최초의 암 예방 백신
: B형 간염 백신 개발과 세계적 확산

산부인과에서 울음소리와 함께 신생아들이 생애 처음으로 접하는 백신은 B형 간염 백신이다. B형 간염은 전 세계에서 지속적으로 유행하고 있는 풍토병이며 '조용한 풍토병silence epidemic'이라는 별명이 붙을 만큼 만성 감염의 위험이 있다. 상당수는 초기 감염 시 별 다른 증상을 경험하지 않거나 가벼운 증상만 느끼기 때문에 많은 사람들이 자신이 감염된 사실을 모르고, 치료를 받지 않은 채 질병이 진행되기 때문이다. B형 간염 바이러스는 부분 이중가닥 DNA 바이러스로 헤파트나바이러스과Hepadnaviridae, 오르토헤파드나바이러스속Orthohepadnavirus에 속한다. 1차로 감염되었을 시 심각한 질병을 유발하는 경우는 거의 없으나 만성 감염으로 이어질 경우 간암으로까지 이어질 수 있는 무서운 바이러스이다. 바이러스성 간경변은 B형 간염 바이러스에 대한 우리 몸의 면역반응을 회피하기 위해 느리게 진행되며, 간암의 경우는 간세포 유전자에 바이러스 유전자 조각이 삽입되는 것과 관련된다는 보고도 있다. 바이러스는 주로 혈액이나 체액(정액)에 의해 전염되며, 모체를 통해 수직 감염되기도 한다. 산모가 B형 감염 보균자인 경우 출산 시에 약 60%의 감염 확률이 있으며, 이를 예방하기 위한 방법이 신생아의 생애 첫 백신 접종인 것이다. B형 간염 바이러스는 일시적인 접촉이나 타액을 통해서는 전염되지 않는다. 즉, 기침, 재채기, 입맞춤, 음식물

4부 인류의 오랜 역사를 함께하다

공유 등으로는 바이러스가 전파되지 않기 때문에 특별한 격리
가 필요없다. 2019년 WHO의 데이터에 따르면, 전 세계적으로
약 3억 명이 만성 B형 간염에 감염되었으며, 매년 150만 명이
새롭게 감염되며, 약 82만 명이 대부분 간경변과 간세포암종으
로 사망했다.

블룸버그의 우연한 발견과 호주 항원

B형 간염 바이러스의 백신 개발은 1965년 바루크 블룸버그
Baruch Blumberg에 의해서 첫 발을 내딛었다. B형 간염 바이러스는
당시 세포배양이 가능하지 않았다. 이와 같은 한계를 극복하기
위해 노벨 생리의학상 수상자이자 유전학자인 블룸버그 박사는
NIH에서 다양한 인종 집단의 혈액을 연구했다. 의과대학 시절
아프리카 수리남의 작은 광산 마을에 파견되었던 그는 그 지역
에 살고 있는 다양한 인종 집단 사이에서 기생충으로 인한 필라
리아증(사상충증)*에 대한 감수성이 다르다는 사실, 즉 특정 질병
이나 감염에 대한 인종이나 집단의 반응, 저항력, 혹은 발병 가
능성이 다르다는 점을 발견했다. 유전자 분석 기술이 없던 당
시, 블룸버그는 혈청에 있는 특정 단백질, 그 단백질에 대한 유
전자가 질병에 대한 감수성을 결정 지을 수 있다는 가설을 세웠

● 필라리아라는 종류의 기생충이 원인인 질병으로, 주로 모기와 같은 특
정 매개체에 의해 전파되며, 인간과 동물의 림프계에 영향을 줄 수 있다.

다. 그는 NIH 연구원들과 함께 수혈받은 적이 있는 혈우병이나 백혈병 감염자의 혈청과 전 세계에서 수집한 다양한 인종의 혈청을 우무겔확산 검사를 통해 스크리닝했다. 우연히 뉴욕에서 수집된 혈우병 환자의 혈청이 바다 건너 호주 원주민의 혈청과 반응하는 것을 발견했고, 이 과정에서 다른 두 지역의 인종이 유전적으로 공통된 요소를 공유할 것이라는 가정이 세워졌다. 하지만 더 많은 혈청을 반응시킨 결과 오직 1명만이 호주 원주민 혈청과 반응하는 것을 관찰했다.

무엇인지 정확히는 드러나지 않았지만 호주 원주민의 단백 Australia antigen(Aa)은 백혈병 환자에게서도 발견되었다. 우연히 처음 검사 당시 Aa가 음성이었던 다운증후군 환자가 간염을 앓고 난 이후 Aa가 양성으로 밝혀지면서, 블룸버그는 Aa와 간염에 대한 인과관계를 찾고자 노력했다. 여러 나라에서 수집된 혈청을 검사한 결과 미국에서는 천 명 중 1명꼴로 Aa 양성이지만, 열대 및 아시아 국가에서는 양성률이 훨씬 높았다. 간염의 발병률 자체가 높은 곳이었기 때문이다. 이에 유전적인 차이가 있을 것이라고 생각했던 블룸버그의 가설은 호주 원주민의 혈청이 유전적인 요인이 아닌 어떤 감염원에 의한 반응일 것이라는 또 다른 가설을 만들었다. 이후 블룸버그는 미국 의학자 헤이비 올터Havey Alter와 함께 이 혈우병 환자의 혈청을 수천 개의 건강한 사람들과 백혈병 환자들의 혈청들과 반응시켰다. 건강한 사람들의 혈청은 천 명에 1명꼴로, 백혈병 환자들의 혈청은 약 10명

중 1명꼴로 혈우병 환자의 혈청과 반응을 일으켰다. 즉, 호주 원
주민의 혈액 단백과 비슷한 혈액 단백이 건강한 사람들에게서
는 낮은 비율로, 백혈병 환자들에게서는 높은 비율로 존재한다
는 것이 밝혀졌다. 블룸버그는 호주 원주민의 혈액 단백을 '호주
항원Australia antigen'이라고 명명하고, 이 결과를《미국의사협회저
널The Journal of the American Medical Association(JAMA)》에 발표했다. 당시
에 그는 이 단백질이 백혈병의 표지자거나 백혈병을 유발하는
바이러스의 일부라고 생각했다.

호주 항원의 정체를 밝히다

호주 항원에 관한 연구는 블룸버그와 더불어 알프레드 프린
스Alfred Prince가 발전시켰다. 병리학을 공부해 의사가 된 프린스
는 2차 세계대전 말기에 일본에 있으면서 뇌염 바이러스 연구
에 한창이었다. 그러다 우연한 기회로 한국 수도육군병원에서
간질환 연구의 선구자였던 정환국과 간염에 관한 공동연구를
수행하게 되었다. 이 과정에서 한국 육군 장병들 중 간염 증상
이 있는 환자들의 간염 수치를 장기적으로 관찰했고, 그들의 간
조직 검사를 통해 간경변을 일으키는 이들을 확인했다. 이 연구
결과를 바탕으로 간 조직을 회복기 환자의 혈청과 반응해 간 조
직 내에서의 반짝이는 형광, 즉 항원을 발견해 낸 프린스는 이
항원과 호주 항원과의 연관성을 찾고자 노력했다.

당시 블룸버그가 이 호주 항원을 발견했을 때라 프린스는

블룸버그를 만나 호주 항원에 관한 자신의 가설과 연구 목표를 설명했고, 마침내 그들은 발전된 공동연구를 시작하게 되었다. 이후 프린스는 호주 항원이 있는 혈청을 원심 분리해 그 크기를 알아냈고, 이것이 지질막 단백질이며 유전자가 없는 바이러스의 단백질 조각임을 밝혔다. 그러고는 즉시 「인간 혈액내의 새로운 바이러스A new virus in human blood」라는 제목의 논문을 써서 블룸버그에게 가져갔지만[*] 유전적 다형성에 대한 가설을 주장하던 블룸버그는 호주 항원이 바이러스 자체라는 프린스의 해석을 받아들이지 않았으며, 그들의 공동연구는 여기서 끝이 났다. 프린스는 블룸버그로부터 받은 모든 혈청과 호주 항원까지 다 반납하고서도 이후에 독립적인 연구를 계속 이어갔다.

얼마 지나지 않아 프린스는 뉴욕 병원에서 수혈받은 후 간염 증세가 나타난 환자의 혈청으로부터 호주 항원과 유사한 SH 항원을 발견했고, 예일대학의 사울 크루만Saul Krugman과의 공동연구를 통해 이것이 A형 간염이 아닌 새로운 간염임을 밝혔다. 호주 항원과 SH 항원은 이후에 '간염 관련 항원Hepatitis associated antigen(HAA)'이란 이름으로 불리다가 곧 B형 간염 바이러스 표면에 있는 단백질 항원임이 밝혀져 'B형 간염 표면 항원Hepatitis B surface antigen(HBsAg)'으로 새롭게 명명되었다.

B형 간염 바이러스에 감염되면 바이러스가 간세포에 침투

---

[*]   The poetry of life, Alfred M. Prince (2010)

——————— 4부 인류의 오랜 역사를 함께하다

해 증식한다. 이 과정에서 엄청나게 많은 HBsAg를 생성하게 되며, HBsAg는 간세포에서 생산되어 혈액으로 방출된다. 이를 통해 바이러스의 감염 여부를 나타내는 지표로 사용되며 바이러스가 간세포에 감염되는 데 중요한 역할을 하게 되는 것이다. 즉, 문진에 따르던 B형 간염 감염 진단이 실험 진단법으로 더 정확하고 간단한 방법으로 가능해졌다. 프린스의 발견은 이후 블룸버그의 간염 바이러스 발견과 백신 개발을 통한 노벨의학상 수상에 큰 기여를 하게 된다.

혈액제제에서 유전자 재조합까지
: 힐먼이 만들어낸 B형 간염 백신의 혁신

블룸버그는 머크의 힐먼과 공동으로 백신 개발을 시작했다. 실제 사백신이나 약독화 생백신 같은 바이러스 전체를 사용하는 백신이 아닌, HBsAg 단백질*을 백신으로 사용하기 위해서 그들은 2가지 문제를 해결해야 했다. 첫 번째는 환자의 혈장에 HBsAg가 충분하고 정제 가능한지를 알아야 했고, 두 번째는 HBsAg가 안전한지를 확인해야 했다.

힐먼은 1970년대 후반 백신 개발에 필요한 충분한 HBsAg를 얻기 위해 B형 감염 위험이 가장 높은 남성 동성애자들과 마

● HBsAg는 B형 간염 바이러스 표면에 존재하는 단백질로, B형 간염 감염 여부를 진단하는 데 사용되는 진단 마커이자 백신의 주요 성분이다.

약 사용자들을 찾아 그들의 혈액을 채취해 HBsAg만 남도록 정제했다. 혈액 공여자들의 혈액에는 여러가지 다양한 항체도 존재하고, 혈액을 매개로 하는 바이러스 혹은 박테리아의 감염이 있을 수도 있으며, HBsAg 외의 다양한 단백질도 존재한다. 힐면은 안전한 백신을 만들기 위해 정제한 HBsAg를 가열해 보기도 하고, 자외선과 포름알데히드로 불활화 실험도 진행했으나, 효과가 없었다. 백신 개발에 있어 늘 안전성을 강조하던 힐면은 3가지 다른 화학물질을 사용해 안전성을 높였다. 단백질을 분해하는 펩신이라는 효소로 혈액에 대량으로 존재하는 감마 글로불린과 같은 혈액 단백질을 비활성화시켰고, 요소Urea를 사용해 혈액에 존재할 수 있는 프리온 단백질을 비활성화시켰다. 마지막으로 폴리오 사백신에 사용한 포름알데히드로 혹시 모를 다른 바이러스들을 불활화시켰다.

그는 이 3가지 화학물질로 혈액의 단백질과 바이러스들을 불활화시켰지만 HBsAg는 손상되지 않았다. 힐면은 불활화 이후에 정제 과정을 거쳐 거의 100% 순수한 HBsAg를 만들어냈다. 1975년 침팬지에게 정제한 HBsAg를 접종해 안전성을 검증받았으며, HBsAg를 항원으로 개발한 최초의 B형 간염 백신은 알루미늄 면역 증강제로 제형화되어 임상시험에 들어갔다. 그는 HBsAg를 이용한 B형 간염 백신의 면역원성과 안전성을 확립해 1981년 FDA의 허가를 받았다. B형 간염은 궁극적으로 간암을 일으키기 때문에 이 백신의 승인은 최초의 암 백신의 승인이라는 역사적인 사건이었다. 그러나 당시 인간면역결핍 바이러스Human immunodeficiency Virus(HIV)에 대한 공포가 대두되기 시작했고, 백신 접종 대상자뿐만 아닌 의료 종사자들까지 HIV에 대한 염려로 혈액에서 정제한 HBsAg 백신을 접종하기 꺼려했다. 다른 사람의 혈액 성분을 접종한다는 사실에 안전성을 의심했기 때문이다. 힐먼 스스로가 자신의 팔에 자신이 개발한 B형 간염 백신을 접종했고, 백신이 안전하다는 사실을 증명했음에도 에이즈의 등장으로 혈액제제 백신에 대해 부정적인 의견이 쏟아졌다. 결국 혈액에서 정제한 B형 간염 백신은 1986년 생산이 중단되었다.

그러나 그는 멈추지 않았다. 끊임없는 연구 끝에 환자 혈액에 있는 B형 간염의 단백질을 효모를 이용한 재조합 단백질 백신으로 개발했다. 1980년대 유전공학 기술이 발전하면서 플라스미드를 이용한 단백질 생산이 가능해졌다. 즉, 유전공학적 기술을 기반으로 B형 간염 감염자의 공여 혈액이 아니라 실험실에서 HBsAg를 생산하면 기존의 혈액제제에 대한 불안을 불식시킬 수 있었다. 힐먼과 동료들은 플라스미드를 이용해 HBsAg를 생산하면서 안전한 백신이 될 것이라고 믿었다. 이후 힐먼은 샌프란시스코 캘리포니아 대학의 분자생물학자인 윌리엄 러터William Rutter와 함께 연구를 시작했다. 플라스미드에 HBsAg 유전자를 삽입해 대장균에 주입하면 대장균에서 HBsAg를 대량으로 생산할 수 있을 것이라 생각했다. 그러나 원핵 세포인 대장균의 특성상 생산된 단백질의 구조가 진핵 세포에서 생산된 것과 달라 동물 실험에서 면역반응을 유도하지 않았다. 그 후, 힐먼은 워싱턴 대학의 벤 홀Ben Hall과 공동으로 연구해 대장균 대신 진핵 세포인 효모를 사용해 HBsAg를 생산했고 이렇게 생산된 HBsAg는 침팬지와 인간 모두에게 보호 항체를 유도했다. 힐먼은 이를 통해 새로운 B형 간염 백신을 개발했다. 그 무렵 파스퇴르 연구소에서는 효모 대신 CHO를 이용한 백신을 개발했다.

1986년 FDA는 힐먼이 개발한 머크의 효모 유래 재조합 B형 간염 백신을 허가했다. 이 백신은 현재도 여전히 사용되고 있다. 95% 이상의 피험자에게서 항체 반응을 유도하며 보호면역은 항체가 검출되지 않는 경우에도 15년 이상 지속되었다. 이 재조합 백신은 효모의 세포내에서 HBsAg 단백질을 생산하게 해 이를 백신으로 사용하는 방식이다. 혈액제제를 기반으로 한 백신보다 안전하고 효과적인 백신 생산 방법으로 평가받았으며, B형 간염 백신의 상용화에 큰 기여를 하게 되었다. 힐먼은 자신이 개발한 수많은 백신 중 B형 간염 백신을 최고로 꼽으며 "우리는 세계 최초의 간염 백신, 세계 최초의 항암 백신, 세계 최초의 재조합 백신, 세계 최초의 단일 단백질로 만든 백신을 만들었다"라고 회고했다.

한국 최초 예방 백신 개발과 성과

머크, 파스퇴르 연구소에 이어 한국의 녹십자에서는 세계에

　　　　　　　　　　4부 인류의 오랜 역사를 함께하다

서 3번째로 B형 간염 백신을 개발했다. 의학자이자 백신 개발을 선도한 김정룡 박사는 1969년 미국 하버드 대학으로 유학을 가 있었고, 블룸버그의 B형 간염 백신 개발 당시 그와의 공동연구를 통해 Aa와 바이러스성 간염과의 관계에 대한 연구를 시작했다. 그는 또한 Aa가 가지고 있는 물리적 성상을 연구하기 위해 펩신 등을 처리하는 연구도 수행했다. 이후 귀국해 간염 양성률이 높았던 한국을 무대로 간염 연구의 폭을 넓혀갔다. 당시 매혈을 통한 간염의 감염률이 높았고, 의료 종사자들의 HBsAg 양성률도 높았는데, 그는 혈액에서 HBsAg 항원을 정제한 'KIM vaccine'이라는 이름의 백신을 매혈자들에게 피하주사와 경구투여로 직접 접종했다. 그는 얼마나 높은 농도의 항원이 필요한지, 몇 번 투여해야 하는지, 근육주사와 경구 투여 중 어떤 방법이 효과가 좋은지 등을 시험했고, 1979년 《대한의학협회지》에 이에 관한 논문을 발표했다. 1983년 이 백신은 녹십자를 통해 '헤파박스-B'라는 이름으로 출시되었고, 국내 연구자에 의해 탄생한 최초의 예방 백신이라는 타이틀을 얻었다. 이 경우 머크나 파스퇴르 연구소 백신보다 ⅓ 가량 저렴했으며, 올림픽을 앞두고 있던 한국의 상황 덕분에 더 주목을 받았다. 1988년에는 혈액에서 정제한 혈액제제의 백신이 아닌 유전자 재조합 방식의 2세대 백신인 '헤파박스-진'이 개발되어 안전성을 높였다. 이를 통해 1980년대 13%에 이르던 B형 간염 보균자의 비율이 7% 이하로 떨어졌다.

B형 간염의 백신 개발로 인해 1990~2000년대 사이에 백신 사용량이 30%가량 증가했으며, 2003년에는 150개국 이상에서 B형 간염 백신 접종을 진행했다. 대만에서는 B형 간염 백신으로 간암 발병률이 99% 감소했으며, 미국에서는 어린이와 청소년의 B형 간염 감염률이 95% 감소했다. 현재는 혈액을 매개로 하는 B형 간염의 전파보다, 17% 정도로 낮은 접종률을 보이는 아프리카 지역 저소득 국가에서의 수직 감염과 관련해 신생아들을 보호할 수 있는 방법을 더 적극적으로 모색하고 있다. 기존의 백신뿐만 아니라 백신을 고온에서 장기간 안정화할 수 있는 방법, 그리고 병원이 아닌 곳에서 출산하는 지역적 문화적 특성을 고려한 백신 개발이 필요하다.

5
여전히 풀지 못한 숙제,
에이즈 백신

●

1981년 6월 5일, CDC는 캘리포니아의 젊은 동성애자 남성에게서 발생한 폐포자충Pneumocystis carinii이라는 기생충에 의한 폐렴을 보고했다. 5명의 환자가 발생했으며, 2명은 이미 사망한 상태였다. 폐포자충 감염은 일반적으로 면역이 심하게 손상될 경우 나타나는 기회 감염*이다. 얼마 지나지 않아 뉴욕과 캘리포니아에서는 평균 연령 26세의 동성애자 남성들에게서 카포시육종**이 보고되었으며, 이 또한 기회 감염이었다. 이 질병들은 동성애자 남성에게만 영향을 미치는 것으로 보여 처음에는 동성애자 관련 면역결핍증후군Gay related immune deficiency, 게이 전염병 또는 게이증후군이라는 오명이 붙여졌다. 1981년 6월 CDC는 카포시육종 및 기회 감염에 대한 TF팀을 구성했으며,

---

● 일반적으로 건강한 사람에게는 감염을 유발하지 않지만 극도로 쇠약하거나 면역 기능이 감소된 사람에게 세균, 바이러스, 진균 등의 감염이 일어나는 것

●● HHV-8이라 불리는 인체 헤르페스 바이러스 8형에 의해 발생하는 암의 일종이다.

7월 뉴욕에서 41명, 캘리포니아에서 26명의 동성애자 남성이 걸린 카포시육종 및 폐포자충 폐렴에 대한 보고를 발표했다. 이 과정에서 HIV가 그 원인 바이러스로 밝혀졌다.

이후 CDC의 전국적인 조사 결과 1981년부터 1982년 사이, 593건의 후천성 면역결핍증후군Acquired Immunodeficiency Syndrome(AIDS), 즉 에이즈 감염을 발견했으며 이 중 사망은 243건이었다. 관련 사례들을 분석한 결과, 51%가 카포시육종 없이 폐포자충 폐렴을 앓았고, 30%는 폐포자충 감염 없이 카포시육종을 일으켰다. 7%는 카포시육종이나 폐포자충 폐렴 둘 다 나타냈다. 나머지 12%는 둘 다 아닌 다른 기회 감염을 나타냈다. 미국에서 보고된 사례의 80%가 대도시에 집중되어 있었으며, 주로 미국 동부와 서부 해안 지역이었다. 감염의 약 75%가 동성애자 또는 양성애자 남성에게서 발견되었으며 그들 중 정맥 주사를 이용한 약물 남용률은 12%, 이성자의 양성률은 20%였고 그 중에서 정맥 주사 약물 남용률은 60%였으며, 미국에 거주하는 아티인Haitian의 비율이 6.1%였다. CDC는 1982년 12월에는 수혈받은 유아의 증상을 보고했으며, 또한 영아에게서 명확하게 밝혀지지 않은 면역결핍 및 기회 감염 사례를 발표했다. 즉, 에이즈는 성적으로 전염될 뿐만 아니라 오염된 혈액, 오염된 바늘을 통해 전염될 수 있으며, 어머니에서 아이에게 수직으로 전염될 수 있는 질병임이 밝혀졌다. HIV는 혈액을 매개로 하는 바이러스이며, 남성 동성애자에게서 발병률이 높은 이유는 성관계 시의 출혈이나 상처 등에 의해서 혈액을 통해 감염이 될 수 있기 때문이다.

레트로 바이러스의 비밀을 찾아서

하워드 테민Howard Temin은 1950~1960년대 라우스 육종 바이러스Rous sarcoma virus●를 연구하면서 역전사효소Reverse transcriptase를 발견했다. 그동안 유전자는 DNA에서 RNA가 만들어지고 RNA를 주형으로 단백질이 만들어진다는 것이 정설이었다. 그러나 DNA가 없는 RNA만을 유전자로 가지고 있는 바이러스들은 어떻게 단백질을 만들 수 있을까? 하나의 바이러스가 가지고 있는 RNA만으로는 자손 바이러스를 만들기 위한 충분한 유전자나 단백질을 만들어내지 못한다. 이에 기반해 테민은 기존의 DNA를 주형으로 RNA를 만들어 단백질을 생성하는 기작이 아닌 RNA를 주형으로 다시 DNA를 만들기 위한 무엇인가가 있을 것으로 생각했다. 그게 바로 역전사효소다. '역'으로 RNA에서 DNA를 만들 수 있는 특이적인 효소가 있으며, 이 역전사효소는 RNA 바이러스에만 존재한다는 것이 밝혀졌다. 역전사효소를 가지고 있는 RNA 바이러스를 레트로 바이러스라고 부른다. 이후 수많은 과학자들이 레트로 바이러스와 암과의 연관성을 찾기 위해 노력했으나 레트로 바이러스는 쉽게 정체를 드

● 닭에서 육종을 일으키는 바이러스로 레트로 바이러스에 속한다.

러내지 않았다.

1980년대 초기에 NIH의 연구자였던 로버트 갈로Robert Gallo
는 특정 백혈병 및 림프종과 관련된 인터루킨 IL-2Interleukin-2와
인간 T세포 백혈병 바이러스 HTLV를 발견했다. 이어서 1983
년 프랑스 파스퇴르 연구소의 프랑수아즈 바레시누시Françoise
Barré-Sinoussi와 뤼크 몽타니에Luc Montagnier는 HTLV 계열이지만
이전의 HTLV와는 다른 레트로 바이러스를 에이즈의 전조 증
상을 보이는 백인 남성으로부터 분리했다는 연구를《사이언스》
에 발표했다. 다만 자신들의 발견이 에이즈와 연결은 되지만,
에이즈의 원인이 된다고는 명확하게 밝히지는 않았다. 그러기
에는 더 많은 데이터가 필요했기 때문이다. 이후 그들은 이 바
이러스를 임파종 결합 바이러스Lymphadenopathy Associated virus(LAV)
라고 명명했다.

HTLV를 발견했던 갈로는 1984년 에이즈 환자에게서
HTLV-III라는 바이러스를 분리했고, 이 바이러스가 에이즈와
연관이 있음을 논문을 통해 밝혔다. 나아가 48명의 피험자로부
터 HTLV 계열에 속하는 바이러스를 분리했고, 이 바이러스는
기존의 HTLV와 형태적, 생물학적 및 면역학적으로 다른 바이
러스라고 설명했다. 발표 이후 두 그룹에서 분리한 바이러스가
동일한 바이러스라는 것이 유전자 분석을 통해 드러났고, 그렇
다면 두 그룹 사이에서 누가 먼저 발견을 했는가로 논쟁이 일어
났다.* 이 과정에서 NIH는 HTLV-III의 항체 검사를 개발해

특허를 획득했는데, 이는 에이즈에 대한 이해나 진단이 어려웠던 당시 진단법 개발은 큰 성과였으며 수익성 또한 보장된 것이었다. 첫 바이러스 분리에 대한 논란이 계속되는 가운데 HIV의 진단법 개발과 특허는 파스퇴르 연구소를 자극했고, 1985년 파스퇴르 연구소는 소송을 제기했다. 이 두 개의 이름을 가진 바이러스는 1986년 국제 바이러스분류법 위원회의 결정으로 HIV로 통일되었으며, 같은 해 몽타니에 그룹은 에이즈와 관련된 또 다른 HIV-2를 발견했다. 결국 1987년 미국의 로널드 레이건 대통령과 프랑스의 프랑수아 미테랑 대통령은 중재를 통해 모든 HIV에 대한 연구 및 혈액 진단검사 등을 위한 과학적 신용과 특허 로열티를 반으로 나누기로 공식 합의했다.

몽타니에는 HTLV와 유사한 LAV 바이러스 발견 당시 검증을 위해 갈로에게 바이러스를 보내서 조언을 구했다고 주장했

• HIV 최초 발견에 대한 미국의 갈로와 프랑스 몽타니에의 싸움 사이에는 빛을 발하지 못한 프랑수아즈 바레시누시의 공헌이 있었다. 2008년 몽타니에와 함께 HIV을 발견한 공헌으로 노벨 생리의학상을 받은 바레시누시는 파스퇴르 연구소에서 쥐의 레트로 바이러스에 대한 연구를 하고 있었다. 레트로 바이러스를 분리하고 배양하는 데 능숙한 기술이 있었던 그는 환자의 샘플을 세포배양한 지 이틀 만에 바이러스를 분리해 냈다. 이후에도 HIV 감염에 대한 면역반응 연구를 주로 수행하며 HIV와 에이즈를 통제하는 데 숙주의 어떤 면역반응이 관련 있는지, 숙주의 선천적 면역은 어떤 역할을 하는지, HIV의 모자가 수직 감염과 관련된 요인은 어떤 것이 있는지 등 끊임없이 관련 연구를 했다.

다. NIH 조사 결과 실제 갈로의 연구소에 보관된 샘플 조사 과정에서 몽타니가 보낸 샘플이 한 환자의 샘플과 혼합되었음이 확인되었다. 갈로는 자신의 실수를 인정했으며, 이후 두 그룹은 'HIV 바이러스 공동발견'으로 합의를 봤다. 그렇게 시누시와 몽타니에, 그리고 갈로는 HIV 발견 공로로 2008년 HPV 발견자인 하랄트 추어 하우젠 Harald zur Hausen과 함께 노벨 생리의학상을 수상하나 했지만 결국 HIV 발견의 공로는 온전히 바레시누시와 몽타니에게 돌아갔다. 이에 대해 '최초의 발견'을 중요한 심사 기준으로 삼는다는 것, 그리고 단 3명이 노벨상을 공동수상할 수 있다는 점 등을 그 이유로 들었지만, 노벨상 심사 과정을 50년 동안 봉인하는 시스템 때문에 우리는 갈로의 노벨상 불발 이유를 2058년까지 알 수가 없다.

원리와 백신 개발의 한계

HIV는 레트로비리데과 Retroviridae의 렌티바이러스속 Lentivirus에 속하며, 단일가닥 양성 RNA 바이러스라 역전사효소를 이용해 DNA로 변환된다. 역전사효소를 지니는 것과 동시에 레트로 바이러스의 가장 큰 특징은 바이러스의 유전자가 숙주의 유전자로 끼어들어갈 수 있다는 것이다. RNA에서 변환된 DNA는 숙주 세포의 핵으로 들어가 숙주 세포의 DNA에 끼어 들어간다. 일단 바이러스의 DNA가 숙주의 DNA에 끼어 들어가면 단백질을 만들지 않는 잠복 상태가 되어 숙주 세포가 갖춘 면역 시스템의 감시를 피하게 된다. 이렇게 숙주 유전자에 끼어들어간 레트로 바이러스의 유전자를 프로 바이러스^{Provirus}라고 부르는데, 이 휴면 상태는 최대 10년 동안 유지될 수 있으며, 증상을 일으키지 않는다. HIV의 잠복기가 긴 이유도 이 때문이다. 프로 바이러스의 DNA는 숙주 세포의 시스템을 이용해 새로운 RNA 게놈 및 바이러스 단백질을 생성하며, 새롭게 바이러스의 복제 주기가 시작할 수 있는 바이러스 입자로 포장되어 세포에서 방출된다. 이렇게 만들어진 HIV는 CD4 T세포°, 대식 세포, 미세아교세포와 같은 다양한 면역 세포를 감염시켜 숙주의 면역을 약하게 하고, 그로 인해 다양한 합병증 및 종양이 발병될 수 있는 것이다. 1984년 NIH가 HTLV-III란 이름으로 바이러스의 존재를 발표할 때 2~3년 내에 이 바이러스를 예방할 수 있는 백신을 개발할 수 있을 것이라고 장담했다. 그러나 그로부터 40여 년이 다 되어가는 현재까지 불활성 백신, 재조합 백신, 약독화 생백신, 소단위 백신, 합성 펩타이드 백신, DNA 백신과 mRNA 백신 등 여러 종류의 HIV 백신 개발이 진행되어 왔음에도 HIV 백신은 아직 없다.

백신 연구 초반에는 바이러스의 게놈을 캡슐처럼 감싸는 외피 단백질을 표적으로 삼았다. 외피 단백질에 대한 항체가 만들

● 면역계의 중요한 구성 요소로, 특정 병원체에 대한 면역반응을 조절하고 일으키는 역할을 한다.

어지면 바이러스의 감염과 증식을 중화시킬 수 있을 것으로 예상했으나, 외피 단백질 gp120과 gp160에 대한 항체는 계속해서 돌연변이를 일으키기 때문에 HIV 중화에 작동하지 않는다는 것이 발견되었다. 과학자들은 HIV가 감염된 T세포로 관심을 돌렸다. 그러나 숙주 세포 DNA에 통합된 바이러스의 DNA인 프로 바이러스 때문에 T세포는 바이러스와 숙주를 구별된 것으로 인식하지 못한다는 것이 밝혀졌다. 따라서 만약 HIV 백신을 생백신으로 개발하면 백신 바이러스가 숙주 DNA로 끼어들어갈 또 다른 위험성 있는 것이다. 또한, HIV는 3개(A~C)의 아형으로 나뉘어져 있어 하나를 표적으로 했을때 다른 아형에 대해서 효과가 없을 수도 있다. 재조합 벡터 백신은 약독화 생백신보다는 안전하지만 이 백신이 필요한, 면역이 결핍된 환자에게서는 벡터로 사용하는 바이러스들이 오히려 환자에게 위험할 수 있다. DNA 백신의 경우 면역반응은 낮지만 CD4 T세포와 CD8 T세포의 면역반응을 잘 유도할 수 있다고 알려져 있다. 그럼에도 DNA의 농도 및 안전성에 대한 잠재적 문제점들이 있을 수 있다.

미완의 과제: HIV 백신의 도전

지금까지 약 250개 이상의 HIV 백신 임상시험이 있었고, 대부분 초기 단계에서 백신이 안전한지, 백신 접종 후 면역반응이 유도되는지를 확인하는 단계였다. 가장 처음으로 실시했던 대규

——————— 4부 인류의 오랜 역사를 함께하다

모 임상시험은 2003~2006년 태국에서 진행되었다. RV144는 ALVAC-HIV라는 HIV의 3가지 유전자 env(막단백질), gag(구조단백질), pol(역전사효소)를 포함하는 바이러스 벡터와 에이즈백스 AIDSVAX B/E라는 HIV의 유전자 조작 표면 단백질 gp120과 알루미늄 보조제를 조합해 만든 백신이다. 임상시험 결과 백신을 접종한 이들의 HIV 감염률이 위약 접종 그룹보다 31% 낮았다. 그러나 31%는 백신을 승인하기에는 너무 낮은 방어율이었다.

이후 이 연구를 수행한 태국 마니톨대학과 미 육군의 HIV 연구 프로그램에서 임상시험에 참여해 백신을 접종했고, HIV에 감염된 사람과 백신 접종 후 HIV에 감염되지 않은 참여자들의 혈청을 사후 분석했다. 그 결과 면역글로불린 G_ImmunoglobulinG(IgG) 항체를 보유한 피험자들은 그렇지 않은 피험자보다 HIV 감염 비율이 43% 낮았으며, IgA 항체를 보유한 피험자들은 그렇지 않은 피험자들에 비해 HIV 감염 비율이 54%나 높았다. 이 백신 접종으로 형성된 IgG 항체는 외피 단백질 gp120의 V2루프 단백질 부분(외피 단백질의 끝부분)을 인식하고, IgA는 외피 단백질의 다른 부분을 인식하는 것으로 나타났다. 즉, HIV 외피 단백질의 V2루프가 직접 HIV 바이러스의 감염을 방어할 수 있는 중화항체를 생산해 내는 중요한 부분이라는 것이 밝혀졌다.•

  • 이러한 발견은 HIV 백신 개발에 중요한 단서를 제공한다. HIV 백신을 설계할 때, V2루프에 대한 중화항체가 효과적으로 생성되도록 설계하면, 바이러스의 감염을 막을 가능성이 높기 때문이다. 다시 말해 V2루프

가장 최근에 진행된 대규모 HIV 임상시험은 얀센에서 개발한 아데노 바이러스 벡터 백신과 단백질 백신의 혼합 백신이다. 모자이코Mosaico라 불리는 이 백신은 아데노 바이러스 벡터에 HIV 유전자 4가지 Ad26.Mos1.Gag-Pol, Ad26.Mos2.Gag-Pol, Ad26.Mos1.Env, 그리고 Ad26.Mos2S를 각각 삽입한 백신과 HIV C 아형의 gp140 단백질 백신이 모자이크처럼 포함되어 있다. 2019년에 시작된 임상시험은 유럽, 북미 및 남미 등 50개 이상의 지역에서 약 3천 9백 명을 대상으로 실시되었다. 이 백신의 안정성은 확립되었지만 위약 그룹과 비교해 HIV 감염에 대해 예방효과가 별로 없었고, 보호 효과가 뛰어나지 않아 얀센은 결국 2023년 1월 임상 3상을 중단했다.

지금까지 HIV 외피 단백질의 항원결정기(에피토프)에 대한 12개 이상의 중화항체가 밝혀졌다. 바이러스의 항원결정기는 항체나 T세포와 상호작용하는 바이러스 단백질에 있는 특정 부분으로 면역 체계가 바이러스를 식별하고 대응하는 데 중요한 역할을 한다. 이에 대한 '중화항체가 있다'는 의미는 '바이러스가 세포와 결합하는 것을 방어할 수 있다'는 의미다. 밝혀진 중화항체들은 이미 HIV에 감염된 환자들에게서 자연적으로 생성되어 감염된 환자를 치료하지는 못한다. 하지만, 이 항체를

를 표적으로 하는 백신은 면역 체계가 그 부위에 결합하는 항체를 생산하도록 유도할 수 있어 효과적인 HIV 방어로 이어질 수 있다.

인위적으로 만들어 감염되지 않은 사람에게 백신을 투여해 광범위하게 중화항체를 생성시키면 바이러스의 감염이나 체내에 바이러스가 잠복되는 것을 막을 수 있을 것으로 기대된다. 다만 다른 백신처럼 체내에서 능동적으로 일어나는 면역반응이 아닌 수동면역으로 바이러스 감염에 대한 1차 치료 목적으로 사용될 가능성이 높다.

앞에서 언급했지만 아직 HIV를 예방할 수 있는 백신은 없다. 가능성이 높았던 백신 후보들의 임상시험은 계속 실패했다. 그러나 mRNA를 통한 코로나19 백신 성공으로 인해 또 다른 희망이 솟아오르고 있다. 현재 미국 스크립트 연구소, NIH와 월터리드 국방 연구소는 eOD-GT8 60me라는 광범위 중화항체를 체내에서 생성할 수 있도록 하는 mRNA 백신을 모더나에서 mRNA-1644란 이름으로 생산해 국제에이즈백신이니셔티브 International AIDS Vaccine Initiative(IAVI)와 함께 남아프리카와 르완다에서 임상시험을 진행 중에 있다. 이 백신의 경우 HIV 변이 패널, 즉 다양한 변이를 대상으로 한 실험에서 약 90% 정도의 중화 능력을 보였다.* 가능성은 높지만 누구도 이 백신의 성공을 장담할 수는 없다.

수십 년 동안 백신 개발은 난항을 겪고 있지만 HIV는 현재 관리가 가능한 질병이다. 바이러스가 복제 및 증식하는 것

---

* 백신이나 항체가 바이러스를 무력화할 수 있는 능력을 의미한다.

을 저해하는 항레트로 바이러스 요법Anti retrovirus therapy(ART)은 HIV의 복제 과정을 여러 단계에서 차단하는 약물들의 조합이다. 뉴클레오사이드 역전사효소 억제제는 HIV의 RNA를 DNA로 바꾸는 역전사 과정을 억제하며, 비뉴클레오사이드 역전사효소 억제제도 역전사 과정을 다른 방법으로 억제한다. 또한, 단백분해 효소 억제제는 HIV가 숙주 세포에서 새로운 바이러스 입자를 생성하는 것을 억제하며, 통합효소 억제제는 HIV의 유전물질이 숙주 세포에 끼어들어가는 것을 제어하는 역할을 한다. ART는 HIV 복제의 이러한 여러 단계를 동시에 차단하는 2~3가지 약물을 조합해 사용하는 치료법이며, 여러 약물의 병용이 내성 발현을 최소화하고 치료 효과를 높여 대부분 6개월 이내에 바이러스를 통제할 수 있다. 또한, CDC는 처방대로 복용하면 성관계로 인한 HIV 위험을 99%까지 줄일 수 있는 노출 전 예방요법pre-exposure prophylaxis(PrEP)*을 수행 중이다. PrEP로 승인된 약물은 2가지이며 현재까지는 백신을 대신하는 유일한 예방법이다.

●　　https://www.cdc.gov/mmwr/preview/mmwrhtml/00001163.htm

6
모든 이를 위한
자궁경부암 백신

●

　1950년대 자궁경부암의 원인에 대한 연구를 하던 과학자들은 자궁경부암의 원인이 될 수 있는 생활방식을 조사하기 시작했다. 그들은 성관계를 하는 파트너가 여러 명이거나 어린 나이에 성생활을 시작한 여성이 자궁경부암 발병률이 높다는 사실을 발견했으며, 자궁경부암이 성병과 비슷한 패턴을 보인다고 생각했다. 특히 이 암은 전염성이 있는 것처럼 보이지 않았다.

　독일의 바이러스 연구자 해랄트 추어 하우젠Harald zur Hausen은 이 자궁경부암에 흥미를 갖기 시작했다. 그는 종양을 일으키는 엡스타인바Epstein-Barr 바이러스를 연구하고 생식기에 사마귀가 있는 여성이 자궁경부암에 걸린 사례들을 검토하면서 사마귀를 일으키는 인간유두종 바이러스Human papillomavirus(HPV)와 자궁경부암 사이의 어떤 관련이 있을 것이라고 추측했다.

자궁경부암의 진실: HPV와의 연결고리

　HPV는 200가지 이상의 아형이 있는 바이러스로 대부분은 피부 상피를 감염시키고 일반적인 피부 사마귀를 유발하며, 생식기에 감염되는 HPV는 약 40가지 아형이 있다. 그러나 대부분은 증상을 거의 일으키지 않으며, 약 1% 정도의 사람들만이 HPV로 인한 사마귀가 나타난다고 알려져 있다.

원래 자궁경부암을 둘러싼 기존 가설은 단순포진 바이러스 2형인 허피스 바이러스Herpes Virus(HSV-2)가 자궁경부암과 연관이 있다는 것이었다. 단순포진 바이러스는 1형과 2형으로 나뉘는데, 흔히 피곤할 때 입 주위에 포진이 생기는 바이러스가 1형이며, 2형은 주로 생식기 주변에 포진을 일으키는 바이러스다. 1980년대 초반 일부 역학 연구에서는 HSV-2 감염과 자궁경부암 사이에 연관성이 관찰되었다. 그러나 하우젠은 단순 포진 바이러스 2형이 아닌 자궁경부암을 일으킬 수 있는 새로운 HPV를 찾기 위해 노력했다. 자궁경부암 환자에게서 HSV-2에 대한 항체가 검출되었지만, 중요한 건 HSV-2는 일반적으로 감염된 세포를 죽이는 바이러스라는 것이다. 즉, HSV-2에 감염되면 그 부분의 세포가 죽는 병변이 일어나는데, 종양은 오히려 세포를 비정상적으로 성장하게 만들기 때문에 하우젠은 자궁경부암의 원인을 이야기할 때 HSV-2와의 관련성에는 오류가 있다고 생각했다.

하우젠은 자궁경부암 환자의 조직검사 샘플에서 DNA를 추출하고 기존의 HPV 유전자와 DNA 혼성화DNA hybridization● 실험

●   DNA 또는 RNA 분자들 사이의 상보적 염기 결합을 이용해 특정 유전

    4부 인류의 오랜 역사를 함께하다

을 이용해 HPV-6, HPV-11을 비롯한 새로운 유형의 HPV를 발견했다. 그러나 그들 모두 자궁경부암과 깊은 관계가 없다는 것이 밝혀졌다. 1983년이 돼서야 하우젠이 자궁경부암을 일으키는 속성이 있는, HPV 아형들인 HPV-16과 HPV-18 바이러스를 분리해 자궁경부암과 이들 바이러스가 직접적으로 연관된다는 것을 밝혀냈다. 그 공로를 인정받아 2008년 HIV를 발견한 바레시누시와 몽타니에와 함께 노벨 생리의학상을 공동수상했다. HPV-16은 자궁경부암 환자의 50%, HPV-18은 환자의 20%에서 발견되었으며, 하우젠 이후의 연구에서 이 두 바이러스는 자궁경부암 환자에게서 99.7% 검출된다는 것이 밝혀졌다.

바이러스 유사 입자의 혁신: 가다실의 탄생

HPV는 약 8천 개의 뉴클레오타이드의 게놈을 가진 이중가닥의 원형 DNA 바이러스이며, 파필로마비리데과Papillomaviridae에 속한다. 현재까지 알려진 고위험 HPV는 약 14종(16형, 18형, 31형, 45형 외)이며 이들이 지속적으로 감염되면 구강 인두, 후두, 외음부, 질, 자궁경부, 남근 및 항문에서 발생할 수 있는 종양과 관련되어 있다. HPV는 바이러스의 게놈 일부를 숙주 세포의 DNA에 통합시켜 암을 유발하는 것으로 알려져 있으며, 초기에 발현되는 HPV의 단백질인 E6과 E7이 종양의 성장 및 악성

자나 염기서열을 검출하는 분자생물학 기술

변형을 촉진할 수 있는 발암 요인으로 작동한다. 일반적으로 세포는 노화되면 자가사멸로 진행되는데 이때 작용하는 단백질이 p53이란 세포 사멸 단백질이다. 그러나 HPV의 E6 바이러스 단백질이 p53과 결합해 세포가 사멸하는 기작을 저해함으로써 세포의 지속적인 분열과 성장을 촉진해 암을 일으키게 한다. 하우젠은 이러한 원리를 기반으로 1986년 HPV 백신에 대한 아이디어를 제안했지만 수익성이 없다는 이유로 제약회사에서 거부되었다.

그 후 거의 20년이 지나 호주 퀸즈랜드 대학의 이안 프래저Ian Frazer와 지안 조우Jian Zhou에 의해서 HPV 백신이 처음 개발되었다. 이들은 HPV의 유전자는 사용하지 않고, HPV의 구조 단백질만으로 이루어진 바이러스 유사입자Virus-like particle(VLP) 형태의 백신을 개발했다. 즉, VLP는 바이러스와 동일한 구조 때문에 우리 몸의 면역 체계가 이를 외부인자(바이러스)로 인식해 바이러스에 대한 항체를 유도할 수 있으나, 바이러스의 유전자가 없기 때문에 감염력이 전혀 없다. 프래저와 조우는 이러한 재조합 DNA 기술로 HPV의 L1 캡시드 단백질을 효모Saccharomyces cerevisiae●에서 발현시켰다. 이 단백질들이 효모 안에서 자발적으로 회합해 HPV 구조와 똑같은 VLP를 만들어내는 것

● 효모의 단백질 발현은 진핵생물의 단백질 발현에 유용한 기술이며, 발현 수율이 높아 대량 배양이 용이해 생명과학 및 의학 분야에서 많이 사용된다.

이다. 이렇게 만들어진 VLP 백신은 우리 몸에 HPV 항체를 높은 수준으로 유도하면서도 감염이나 암을 유발할 위험이 없다. 1991년 프래저와 조우의 연구가 처음 발표되었고, 7년간의 설계와 테스트 끝에 오늘날 우리가 잘 아는 가다실Gardasil이란 이름으로 백신의 임상시험이 완료되었다. 임상시험 결과 가다실은 자궁경부암 사례의 70% 이상을 대상으로 하는 4가지 고위험군 HPV(6형, 11형, 16형과 18형*)를 예방했으며, 2006년 임상시험에서는 HPV 16형과 18형으로부터 우리 몸을 거의 100% 보호하는 것으로 밝혀져 호주와 미국에서 승인되었다. 그 이후 2007년엔 자궁경부암의 원인인 HPV 16형과 18형만을 예방하는 서바릭스Cervarix라는 2가 백신이, 2014년에는 9가지 유형(6형, 11형, 16형, 18형, 31형, 33형, 45형, 52형, 58형)을 예방하는 가다실9 Gardasil9**이 승인되었다. 미국 국립 암 연구소는 "모든 여성이 백신을 맞고 예방 효과가 장기적으로 나타난다면 광범위한 백신 접종을 통해 전 세계의 자궁경부암 사망률을 2/3 줄일 수 있다. 또한 백신은 자궁경부암을 검사하기 위한 생검pap smear 등의 검사

• HPV 16형과 18형이 자궁경부암을 일으키며 HPV 6형과 11형은 눈꺼풀에 발생하는 종양인 이마패종Condyloma acuminate을 일으킨다. 이는 생식기나 항문 주위에 발생하는 비후성 병변으로 병변 주위 조직이 침윤되면서 자궁경부암 등의 합병증이 생길 수 있다.

•• 가다실9은 자궁경부암을 포함한 여러 HPV 관련 암(질암, 외음부암, 구강인두암, 이마패종)과 질환을 예방할 수 있다.

필요성을 낮춰 의료 비용 및 불안을 줄이는 데 도움이 된다"라며 HPV 백신 접종을 권고했다. 특히 저소득 국가에서는 자궁경부암이 발생한 경우 41%만이 치료를 받는다고 알려져 있으며, 백신이 자궁경부암 선별검사보다 더 효과적이며 HPV 백신으로 인한 수혜가 가장 클 것으로 기대하고 있다. 미국의 경우 HPV 백신 접종으로 2012년 10대의 고위험군 HPV 감염률이 11.5%에서 4.3%로 감소했으며 20대 초반 여성의 감염률은 18.5%에서 12.1%로 감소했다고 보고했다. 한국의 경우, 2016년 국가 암 정보센터 보고에 의하면 자궁경부암 발생률이 2000년 이후 지속적으로 감소하고 있으며, 이는 HPV 백신 접종과 정기 자궁경부암 검진의 영향으로 보인다고 발표했다. 2020년 연구에 따르면, HPV 16형과 18형 감염률이 백신 미접종자에게는 12.5%가 나타난 데 비해, 접종자는 2.2%로 현저히 낮았으며, HPV 백신이 HPV 16형과 18형 감염을 80% 이상 예방하는 효과가 있었다[*].

HPV 백신은 스위스, 포르투갈, 캐나다, 호주, 아일랜드, 한국, 홍콩, 영국, 뉴질랜드, 네덜란드 및 미국을 포함한 여러 국가에서 남성에게도 접종이 허가되었다. HPV는 여성뿐만 아닌 남성에게도 항문이나 생식기 주위의 감염을 일으키며, 고위험 바이러스에 감염될 경우 항문암을 일으킬 수도 있다. 무엇보다 남

---

[*]   https://www.nature.com/articles/s41598-021-98746-w

성 자신의 암 발병 위험뿐만 아니라 파트너에게 바이러스를 전달할 수도 있다는 점에서 접종이 중요하다. 2024년 미국 임상종양학회 연례학술대회에서는 2010부터 2023년까지 HPV 백신을 접종한 170만 명의 여성과 남성을 추적 조사한 결과, HPV 백신이 여성들의 자궁경부암을 90% 이상 예방하는 효과뿐만 아니라, 남성의 두경부암 발병률도 낮춘다고 발표했다.

과학적 오해와 사회적 영향

앞선 백신의 높은 효과에도 불구하고 2010년 일본이 HPV 백신을 국가 예방 접종으로 지정해 무료 접종을 시작하면서 그 부작용에 관한 논의가 활발히 이뤄졌다. 일부 접종자들이 복합부위통증증후군 및 보행장애 등의 부작용을 제기한 것이다. 이에 따라 2013년 일본 후생노동성 Ministry of Health, Labour and Welfare 은 HPV 백신을 국가 예방 접종에서 일시적으로 제외했다. 2009년부터 2015년까지 5년간 338만 명이 접종했고, 약 2천 6백 건의 부작용이 보고되었다. 후생성은 이듬해 1월 HPV 백신과 보고된 부작용 사이의 인과관계에 대한 증거가 없다고 결론 지었으며, 유럽의약품청과 CDC 또한 같은 결론을 냈다. 역학 연구 결과 백신 접종을 받은 그룹에서 보고한 이상 증상의 비율은 받지 않은 그룹에서도 동일한 비율로 발견되었다. 2013년 4월 일본의 산부인과학회, 소아과학회, 전염병학회 등 의학학술 단체가 HPV 백신에 문제가 없다며 정부가 다시 백신을 "적극 권고"

해야 한다는 성명서를 내었지만, 후생성은 선제적으로 HPV 백신을 접종 권고로 변경하지 않았다.

2016년 《사이언티픽 레포트 Scientific Reports》에 HPV 백신을 접종한 쥐가 신경학적 손상 징후를 보였다는 내용의 논문이 실렸다. 도쿄대의 도시히로 나카지마 Toshihiro Nakajima가 교신 저자인 이 논문은 쥐에 HPV 백신과 백일해 독소를 주사해 쥐의 이동 장애 및 뇌 손상에 대한 연구를 했으며, 이를 통해 HPV 백신의 부작용을 설명할 수 있다는 연구였다. 그의 논문이 게재된 이후, 많은 과학자들이 저널에 항의 이메일을 쏟아냈다. 사실 나카지마의 연구는 실제 백신이 접종되는 상황과 많이 달랐다. 일단 고용량의 HPV 백신을 쥐에 접종했고 백일해 독소는 실제 사람을 상대로 하는 백신 접종에서는 사용하지 않는 것이며, 얼마나 많은 독소를 사용했는지도 논문에서 정확하게 밝히지 않았다. 또한, 쥐 한 마리에서 나타난 현상을 일반화시켰다. 이에 2016년 7월 63명의 여성이 정부와 백신 제조업체를 상대로 소송을 제기했다. 결국 나카지마의 연구는 저널과 여러 과학자 패널의 조사를 통해 2018년 게재가 철회되었다. 하지만 저널의 철회 절차가 늦어짐에 따라 잘못된 논문은 SNS를 타고 백신 반대론자들에게 전달되었고, 일본의 백신 접종률과 백신 신뢰성에 큰 타격을 주었다.

이후 일본 후생성은 2022년 4월부터 12~16세 여성 청소년들에게 HPV 백신 접종을 권장할 것이라고 밝혔다.(한국의 경우 만 12세 이상 여성 청소년에 해당하며, 이전에 접종받은 적이 없으면 만 13~18세에 접종한다.) 2020년《란셋》의 모델링연구*에 따르면 2013~2019년까지 HPV 백신 접종률이 꾸준히 하락하면서, 예상 가능했던 약 2만 5천 건의 자궁경부암 예방 기회를 놓쳤고, 이에 시간이 지남에 따라 사망자는 최대 5천 7백 명까지 될 수 있다고 밝혔다. 그 기간 백신 접종을 지속했던 스웨덴과 영국에서는 10대 초반에 백신을 접종하면 30세까지 자궁경부암의 위험이 88% 감소하는 것으로 나타났다. 덴마크, 영국, 콜롬비아 등의 국가에서도 부작용에 대한 논란이 있었으나 백신 접종은 지속되었다.

성 질환 관련해서 남녀의 이분법적인 역할과 책임을 묻는 사회는 오래전의 이야기다. 국제 사회는 물론이고 최근까지 한국에서는 자궁경부암 예방에 관한 접종 캠페인과 광고 등에서 남녀 모두에게 가다실 접종의 중요성을 보여왔다. 오늘날 HPV는 자궁이 있는 사람에게도 없는 사람에게도 접종이 필요한, 모두를 위한 백신이 되었다.

●   Lancet VOLUME 5, ISSUE 4, E223-E234, APRIL 2020

5부
코로나19,
백신의 새로운 시대를 열다

1
코로나19,
백신의 새로운 시대를 열다

●

2019년 12월 31일 중국 정부는 후베이성 우한시의 후한 수산시장에서 원인이 밝혀지지 않은 전염성 폐렴의 유행을 WHO에 보고했다. 우한시 보건국은 1월 1일 시장을 폐쇄했고, 1월 7일 이 급성 폐렴의 원인이 새로운 코로나 바이러스 SARS-CoV-2임을 전자현미경 사진과 유전자 서열을 통해 밝혔다. 이 SARS-CoV-2는 중국을 넘어 전 세계로 퍼져나갔으며 불과 두 달 만에 114개국에서 11만 8천 건이 넘는 확진자가 발생했고 4천 명이 넘는 사람들이 사망했으며, 이에 WHO는 '코로나19' 팬데믹을 선언했다. SARS-CoV-2는 바이러스 외피의 스파이크(S) 단백질*이 전자현미경상에서 왕관^{Corona} 모양을** 띄는 특성의 양성 단일가닥 RNA 바이러스로, 코로나비리데과^{Coronaviridae}의 오르소코로나비리네속^{Orthocoronavirinae}에 속하며, 알파, 베타, 델타, 감마 총 4가지 속으로 분류되는 코로나 바이러스 가운

●　　바이러스 표면에 돌출되어 있는 단백질로, 바이러스가 숙주 세포에 결합하여 침투하는 데 중요한 역할을 한다.
●●　라틴어로 왕관을 의미하는 'corona'에서 그 이름이 붙었다.

데 베타 바이러스에 속한다.

2020년 1월 초 SARS-CoV-2의 염기서열이 밝혀지면서 과학자들은 빠르게 움직였다. 이 바이러스가 어디서 왔는지, 인체 내에서 어떤 기작을 일으키는지, 어떠한 증상이 나타나는지, 감염 경로는 어떻게 되는지 등등 새로운 바이러스에 대해 짧은 시간 동안 엄청난 연구가 이뤄졌고, 빠르게 관련 논문들이 게재되었다. 마침내 SARS-CoV-2는 SARV-CoV-1과 메르스코로나 바이러스MERS-CoV가 속한 베타코로나 바이러스에 속한다는 것이 밝혀졌다. 코로나19 초기 우한의 비정형 폐렴* 환자로부터 분리된 유전체 서열은 박쥐의 사스코로나 바이러스 유사 바이러스와 상동성이 89% 일치했으며, SARV-CoV-1과의 상동성은 82%로 나타났다. 이에 기존의 SARV-CoV-1과 MERS-CoV에 대한 연구에서 확장해 새로운 바이러스에 대한 비밀을 풀어갔다. SARS-CoV-2 표면에 뾰족한 돌기처럼 생긴 스파이크(S) 단백질은 수죽 세포의 수용체와 특이적인 결합을 하며, 연구진들은 숙주 세포 표면의 안지오텐신 전환효소 2Angiotensin-converting enzyme 2(ACE2)가 스파이크(S) 단백질과 결합할 수 있는 세포의 수용체임을 밝혀냈다. 사람, 박쥐, 사향고양이, 돼지, 쥐의 ACE2를 발현시킨 세포에 SARS-Cov-2를 감염시킨 결과, 쥐를 제외한 모든 ACE2 발현 세포에서 바이러스가 증식하는 것

● 　일반적인 세균에 의한 폐렴과는 다른 병원체에 의해 발생하는 폐렴

을 관찰했다.

또한 미국 텍사스 오스틴대와 NIH 산하 국립 알레르기전염병 연구소National Institute of Allergy and Infectious Diseases(NIAID) 공동 연구팀은 바이러스의 염기서열을 기반으로 실험실에서 스파이크(S) 단백질을 발현시켜, 초저온 현미경 Cryo-eletron microscopy(Cryo-EM)으로 구조를 분석했다. 이를 통해 기존의 SARS-CoV-1의 항체는 SARS-CoV-2와 교차 반응하지 않는다는 사실을 알아냈으며, 스파이크(S) 단백질 세포의 수용체와 결합하는 부위인 수용체 결합 도메인Receptor binding domain(RBD)이 백신을 개발할 수 있는 항원으로 인식되었다.

코로나 19 백신 개발의 혁신 동력
: CEPI의 지원

2017년 세계경제포럼에서는 미래의 전염병 예방 및 대응을 위한 백신 개발을 보다 신속하게 지원할 수 있는 전염병 대비 혁신연합Ciliation for Epidemic Preparedness Innovations(CEPI)을 출범시켰다. CEPI는 신종 전염병에 대한 백신 개발을 가속화시키고 전염병에 영향을 받을 전 세계 모든 사람에게 공평한 백신 공급을 위해 노력하는 공공, 민간, 자선 단체 및 시민 단체 간의 혁신적인 글로벌 파트너십이다.

그동안의 백신 개발은 긴 시간을 필요로 했고, 개발 연구부터 상용화까지 비용이 많이 드는 과정이었다. 빠르게 백신 후보를 정하고 전임상과 임상시험까지 막대한 비용을 들여가며 성공을 확신할 수도 없는 연구를 하기는 어렵다. 그런 이유로 과거 사스나 메르스, 그리고 지카 바이러스에 대한 백신이 상용화되지 못했고, CEPI는 이러한 문제를 해결하기 위해 설립된 기관이다. 2019년 말, 중국에서 폐렴으로 인한 사망자 보고가 있을 때부터 CEPI에서는 이미 이 바이러스에 대한 백신 개발을 준비해 왔다. 이후 1월 23일에는 SARS-CoV-2의 염기서열을 이용할 수 있는 기존의 백신 개발 플랫폼 기술을 보유한 백신 회사들과 연구자들을 지원하고 16주 만에 유전자 서열로부터 임상시험까지 연결시키는 것을 목표로 한다고 발표했다.* 출범 이후 SARS-CoV-2의 유행은 CEPI의 첫 데뷔전이 되었다.

기존의 전통적인 방식의 약독화 백신이나 불활화 백신은 백신주疫苗株**가 필요하다. 즉, 전염병이 발병했을 때 그 원인이 되는 바이러스가 동물이나 실험실에서 배양되어야 하고 백신을 만들 수 있을 만큼 많은 양의 바이러스가 필요하다는 말이다. 위와 같은 방식을 당시 바이러스의 특성도 잘 알려지지 않은 SARS-CoV-2에 적용하기에는 너무 오랜 시간과 위험성이 우

---

* https://cepi.net/news_cepi/cepi-to-fund-three-programmes-to-develop-vaccines-against-the-novel-coronavirus-ncov-2019/

** 백신에서 사용되는 바이러스나 세균의 특정 균주를 뜻하며, 질병을 일으키지 않거나 매우 약화된 형태로 인체에 투여 시 면역반응을 유도하지만 실제로 질병을 일으키지 않도록 설계된다.

려되었다. 이에 따라 초반 CEPI의 지원 프로그램에는 전통적 방식이 포함되지 않았다. CEPI에서 초반에 지원한 백신 개발의 종류는 크게 3가지였다. 'mRNA 백신', 'DNA 백신' 그리고 인체에 감염될 때 작용하는, 바이러스의 특정 단백질만 발현시키는 '분자 클램프 백신'이었다. 이 3가지 백신의 경우는 백신주를 필요로 하지 않고, 염기서열만으로 빠른 시간 안에 백신 개발을 할 수 있다는 장점이 있었다. 후에 CEPI는 아데노 바이러스 백터를 이용한 백신 등의 개발을 추가로 지원했다. WHO의 발표에 따르면 2023년 5월 기준으로 약 183개의 다양한 플랫폼을 기반으로 한 백신들이 임상시험을 거쳤으며, 199개의 백신들이 전임상을 진행했다.*

1번째 지원 개발 기술
: 모더나, 바이오엔텍과 화이자의 mRNA 백신

가장 최근 기술인 mRNA 플랫폼 백신은 바이러스나 단백질 등의 항원이 아닌 항원에 대한 유전정보 즉, mRNA를 체내에 주입해 세포내에서 항원이 발현되는 원리를 이용한 백신이다. 즉, SARS-CoV-2의 스파이크(S) 단백질의 수용체와 결합하는 부위를 mRNA로 만들거나 자가 복제할 수 있는 RNA를

• https://www.who.int/publications/m/item/draft-landscape-of-covid-19-candidate-vaccines

인공적으로 합성해 백신으로 만든다. RNA 자체는 불안정하기 때문에 지질 나노입자 안에 RNA를 집어넣어 안전하게 세포내로 mRNA를 운반시키는 방식이다. 이 플랫폼은 과거 지카 바이러스와 거대 세포 바이러스 백신으로 개발 중이었다. mRNA 전용 백신 기술에 초점을 둔 바이오테크놀로지 기업 모더나 Modena는 CEPI의 지원으로 쥐 실험을 통해 SARS-CoV-2에 대한 면역 효과가 나타나는 것을 빠르게 확인했다. 이에 미국 연방 정부는 모더나에 약 10억 달러를 지원했고, NIH와의 협력으로 이뤄진 추가적인 원숭이 실험을 통해 모더나는 mRNA 플랫폼 백신이 SARS-CoV-2로부터 원숭이를 보호한다는 사실을 발견했다. 그렇게 2020년 3월 초, 최초로 임상시험에 들어갔으며 2번의 접종 끝에 mRNA 백신이 SARS-CoV-2에 대한 중화항체뿐만 아니라 바이러스에 대한 보호능을 유도하는 것을 확인했다.

모더나와 함께 코로나19 백신 논의에서 많이 거론된 mRNA 플랫폼 백신 개발 기업 바이오엔텍 BioNTech과 화이자 Pfizer는 'BNT152b2'라는 mRNA 백신을 개발했으며*, 이 백신에 의해 SARS-CoV-2에 대한 항체를 생성하는 체액성 면역반응과 바이러스에 반응하는 T세포 유도(세포성 면역)가 동시에 일어남

● 국내에서 화이자 백신이라는 이름으로 더 많이 알려지고 상용화되었지만, 실제로는 바이오엔텍과 화이자가 공동 개발한 백신이다. 화이자가 상업적으로 유통하며 널리 알려져 있을 뿐이다.

을 초기에 밝혔다.* 바이오엔텍과 화이자의 mRNA 백신은 임상시험에서 95% 이상의 효과를 보였으며, 코로나19 감염 예방에 효과적이라는 것이 밝혀졌다. 모더나 백신 또한 임상시험에서 94% 이상의 효과를 보였다. 두 백신 모두 다양한 연령대에서 안전성과 효능을 입증했으며, 중증 감염 및 사망률 감소에 긍정적인 효과를 보였다. 바이오엔텍과 화이자 백신은 2020년 12월 11일 미국 식품의약국Food and Drug Administration(FDA)과 유럽의약품청European Medicine Agency(EMA)에서 긴급 사용 승인을 받아 12월 14일 처음으로 일반인에게 접종이 시작되었고, 모더나는 2020년 12월 18일 긴급 사용 승인을 받았다. 아쉽게도 CEPI의 지원을 받았던 또 다른 독일 바이오테크롤로지 회사 큐어백CureVac은 임상 3상에서 예방률이 48%로 나타나 EMA에서 긴급 승인 신청을 철회했고, 현재 1세대 백신을 보완해 2세대 mRNA 백신을 연구 중에 있다.

mRNA와 지질 나노입자의 특성상 보관 및 유통을 위해서 냉동이나 초저온 냉동의 시설이 필요하다. 바이오엔텍과 화이자 백신의 경우 배포 초기에 −70도의 초저온 냉동시설이 필요했는데, 추후 백신 온도에 따른 안정성 테스트 결과 −20도에서의 배포 및

● 다양한 면역 메커니즘이 협력해 바이러스를 제거하는 데 중요한 역할을 한다는 의미이며, 감염 초기부터 이중적인 면역반응이 일어난다는 사실은 중요한 발견이다. 이를 통해 보다 강력한 면역반응과 재감염 방지가 이루어질 수 있다.

보관이 가능해졌다. 바이오엔텍과 화이자 백신은 전 세계 165개 국에서, 모더나는 전 세계 114개국에서 접종이 되었다.

2번째 지원 개발 기술
: 이노비오의 DNA 백신

생명공학 회사 이노비오INOVIO가 개발한 DNA 백신은 박테리아에서 대규모로 생산할 수 있는 플라스미드* DNA를 기반으로 하며, 플라스미드에 SARS-CoV-2 단백질을 코딩하는 유전자를 포함시켜 체내에서 항원이 발현되도록 하는 기작이다. 이노비오는 DNA 백신에 관해 임상 3상까지 진행했지만, 2022년 10월 임상 3상을 중단한다고 발표했다. 그 무렵 코로나19의 유행이 감소해 백신의 국제적인 수요가 줄어드는 흐름이었고, 미국 정부의 지원이 중단된 이후 재정 감소가 원인이었다.

---

* 세균의 세포내에 염색체와는 별도로 존재하면서 독자적으로 복제 및 증식할 수 있는 원형 DNA 분자를 총칭한다. 세균의 생존에 필수적이지는 않으며, 다른 종의 세포내에도 전달될 수 있어 생명과학 및 의학 연구에서 다양하게 사용되고 있다.

5부 코로나19, 백신의 새로운 시대를 열다

3번째 지원 개발 기술
: 아스트라제네카, 얀센의 벡터 백신

이노비오 이후로는 영국의 아스트라제네카AstraZeneca, 얀센 Janssen의 아데노 바이러스(각각 Ad5와 Ad26의 혈청형을 지닌다) 벡터 백신의 상용화가 긴급 승인되었다. 이 백신들은 인체에 거의 영향을 미치지 않는 아데노 바이러스의 유전자에 벡터를 통해 SARS-CoV-2 유전자를 삽입한 후 근육 주사로 체내에 들어가게 하는 원리로 사용되었다. 결과적으로 세포내에서 SARS-CoV-2의 스파이크(S) 단백질을 발현해 약 70% 이상의 효과를 보였다. 이러한 벡터 백신 또한 B세포(체액성면역)와 T세포(세포성면역)의 반응을 모두 유도할 수 있으며, 단점은 벡터 바이러스에 대한 면역이 생겨 한 번의 접종으로 면역 유도가 잘 안 될 경우 2차 접종 시에는 다른 벡터 백신을 이용해 접종해야 할 수도 있다는 것이다. 중국의 캔시노 바이오로직스CanSino Biologics에서는 아데노 바이러스5형을 이용한 백신을 개발했으며, 러시아의 가말레야 연구소의 백신은 인간 아데노 바이러스5형과 침팬지 아데노 바이러스26형을 함께 쓰는 혼합 벡터를 사용했다.

아스트라제네카의 백신의 문제점으로는 백신 접종 후 혈소판 수가 낮아지고 그와 관련된 혈액 응고 현상을 보이는 혈소판 감소증후군을 동반한 혈전증이 매우 드물게 이상반응이 보고되었다. 과학자들은 이러한 증상이 과도한 면역반응 때문일 것으로 예상했고, 유럽과 영국의 천 700만 명의 데이터를 분석한 결과 백신과의 직접적인 연관성은 찾지 못했다. 이에 따라 WHO와 EMA는 해당 백신 접종을 지속적으로 권고했으며, 현재까지 185개국에서 접종이 이뤄졌다.

4번째 지원 개발 기술
: 노바백스의 재조합 단백질 백신

노바백스의 재조합 단백질 백신 개발 또한 CEPI 초기 지원 그룹에 속해 있었다. 호주 퀸즈랜드 대학은 스파이크(S) 단백질을 발현하는 데 실제 바이러스가 지닌 스파이크 단백질과 동일한, 세 개의 스파이크가 통합된 구조로 만들기 위해 분자 클램프molecular clamp라는 기술을 사용했다. SARS-CoV-2의 스파이크(S) 단백질을 실제 바이러스의 3차원 구조와 비슷하게 만들기 위해 HIV 단백질이 분자 클램프로 사용되어 구조를 고정하는 역할을 한다. 그러나 임상시험 과정에서 HIV 단백질 유래 분자 클램프에 대한 면역이 유도되어 HIV 환자가 아님에도 진단 검사에서 HIV 양성이 나올 수 있다는 우려 때문에 백신 개발이 중단되었으나, 백신의 효과는 높은 것으로 알려졌다. 미국의 노바백스는 스파이크(S) 단백질을 곤충세포를 이용해 합성했다. 이를 나노파티클로 SARS-CoV-2의 3차원 분자구조와 유사하게 만들었으며, 사포닌 기반의 면역 증강제를 포함하는 백신을 개발했다. 결과적으로 임상 3상에서 SARS-CoV-2에 대해 90.4%의 효과를 보였으며, 중증 예방 효과가 100%에 달하는 것으로 알려졌다. 노바백스 백신은 2022년 7월 FDA의 긴급 승인 허가를 받았다.

전통적 방식의 백신
: 시노백과 시노팜의 불활화 백신

CEPI의 지원 개발 기술 외에 백신주를 필요로 하는 전통적 방법의 불활화 백신은 중국에서 개발되었다. 이는 세포에서 SARS-CoV-2를 배양해 화학적으로 바이러스를 불활화시키는 방법을 적용한 것이다. 다른 기술 없이도 쉽게 생산할 수 있으나 대신 바이러스 배양을 위해 생물 안전성 레벨 3(BSL-3)의 생산 시설이 요구된다는 한계가 있고, 장점으로는 바이러스 전체가 항원 역할을 하기 때문에 스파이크(S) 단백질뿐만 아니라 SARS-CoV-2의 여러 단백질들에 대한 종합적인 면역이 유도될 수 있다. 중국의 시노백 백신과 시노팜 백신이 여기에 속한다. 시노백 백신의 경우 브라질에서 실시한 임상 3상에서 약 50% 효과가 있었다. 실제로 칠레의 백신 접종 사례에 관한 데이터를 보면, 67%의 유증상 감염, 85%의 입원, 80%의 사망을 예방했다고 보고되었다. 시노백은 41개국, 시노팜은 72개국에서 승인을 받아 접종되었으나 돌파 감염과 변이에는 효과가 낮은 것으로 밝혀졌다.

한계에도 불구하고
백신의 역사를 새로 쓰다

코로나19 종식에 희망을 가져다 준 코로나19 백신은 델타 변이와 오미크론 변이를 맞닥뜨렸다. 바이러스는 언제나 변이를 일으킬 수 있는 가능성이 있다. 더군다나 DNA 바이러스보다 게놈의 안정성이 낮은 RNA 바이러스는 훨씬 더 높은 비율로 변이를 일으킨다.[*] 대부분의 바이러스 변이는 불안정해 감염능이 감소하거나 오히려 안정적으로 변해 감염력이 늘어날 수도 있다. 델타와 오미크론 변이는 전 세계적으로 유행해 이미 감염된 적이 있는 사람들에게 재감염을 일으키고, 백신 접종자들에게는 돌파 감염을 일으켰다. 이 과정에서 백신의 바이러스 감염 예방 효과는 감소했지만 그럼에도 백신은 질병이 중증으로 악화되는 것을 막는 효과가 있어 사회적으로 지속적인 접종이 권고됐다. 2차 접종 혹은 3차 접종 등의 백신 추가 접종으로 더 이상 코로나19 백신 접종을 하지 않아도 된다고 말하던 시대는 지났다. 다행히 mRNA 백신 같은 플랫폼 백신들 덕분에 바이러스 배양이 아닌 유전자 염기서열을 통해 훨씬 쉽고 간단하고 빠른 시간에 계량 백신을 생산하고, 동물실험을 통해 이들의 독성과 안전을 검증한 후 긴급 승인이 가능할 수 있었다. 또한,

---

[*]   DNA는 두 가닥, RNA는 한 가닥으로 되어 있으며 DNA는 유전자 복제 시 보정 기능Proofreading function이 있는 반면 RNA는 없기 때문이다.

세포면역을 높여 기억 면역을 강력하게 유도하기 위해서 1가지 플랫폼 백신 대신 2가지 다른 플랫폼 백신을 접종해 각 플랫폼의 장점을 극대화하고 감염 예방과 중증 예방이라는 2가지 면역반응을 유도하고자 노력 중이다.

코로나19는 백신의 역사를 새로 썼다. 이 과정에서 지금까지는 본 적이 없던 방법으로 백신 개발이 이뤄졌다. 모더나와 함께 mRNA 코로나19 백신을 개발한 NIH의 키즈 메키아 코벳Kizzmekia Corbett 박사는 한 온라인 세미나에서 "집에서 동료들과 모니터를 보며 백신을 개발했어요"라고 이야기했다. 그는 중국 과학자들이 밝힌 SARS-CoV-2의 유전자 서열을 컴퓨터로 분석해 유전자 중 어느 부분이 바이러스가 감염될 때 숙주 세포와 결합하는지를 분석하고, 그 부분을 타깃으로 컴퓨터를 이용해 mRNA 백신을 만들었다고 전했다. 화이자의 필립 도미쳐 Phillip R. Dormitzer 박사에 따르면 고작 2~3일이면 백신 후보를 만들 수 있다고 한다. 수십 일에서 많으면 몇 주까지 걸리던 일들이 컴퓨터로 뚝딱 이루어지는 시대에 우리는 살고 있다. 이러한 백신 개발의 기술 발전, 규제 완화와 전 세계의 공조를 통해 11개월 만에 코로나19 백신을 손에 쥐었고, 2023년 5월 WHO는 코로나19 해제를 선언했다.

펜데믹 해제가 선언된 2022년 8월까지의 자료를 보면 승인된 백신이 12가지, 사용 허가가 난 백신이 21가지, 임상 3상까지 진행된 백신이 42가지다. 임상 1상~2상은 81개나 된다. 진행되고 있는 임상시험만 전 세계에 120가지이며, 17개 백신은 임상시험이 중단되었다. 코로나19의 팬데믹이 종식되고 감염자가 줄어들면서 현재 진행되고 있는 임상시험들이 얼마나 성공할지는 아직 모른다. 코로나19 백신 개발은 백신의 허가 과정, 운송과 분배, 대규모 백신 접종 캠페인과 백신 이상반응 보고 시스템 및 교차 접종 등 백신의 다양한 분야에서 도약을 이루었다. 전 세계 55억 5천만 명의 사람들이 적어도 한 번의 코로나19 백신을 접종했으며, 이는 전 세계 인구의 72.3%에 달한다. 하지만 이러한 발전에도 잊지 말아야 할 사실이 있다. 이렇듯 인류가 백신으로 전염병을 정복한 것으로 보이지만, 아직 우리에겐 백신의 불평등으로 성공 뒤의 그림자가 된 27.7%의 사람들이 있으며, 코로나19로 사망한 6백 90만 명의 사람들이 있다.

2
코로나19의 열쇠가 된
mRNA 백신과 커털린 커리코

●

분자생물학의 가장 기초가 되는 개념은 '센트럴 도그마'다. 센트럴 도그마는 '모든 생명체는 DNA를 가지고 있고, 이 DNA 는 전사Transcription를 통해 mRNA로, mRNA는 세포내 단백질을 만들 수 있는 기관인 리보솜을 통해 유전자에 암호화되어 있던 단백질을 만들어낸다'는 이론이다. 즉, DNA → mRNA → 단백질 순으로 유전자에서 최종 생체 물질인 단백질을 만드는 기본 원리다.

인류가 코로나19를 신속히 극복할 수 있었던 이유는 센트럴 도그마 중간에 있는 mRNA의 역할이 컸다. 바이러스에 대한 단백질을 우리 몸속에서 생산하게 된다면 이를 외부 인자로 인식하는 우리의 면역 체계가 활성화되어 특정 바이러스에 대한 방어 체계가 구축될 수 있다. 그래서 과학자들은 바이러스 유전자의 항원성을 띄는 부위를 DNA 형태 혹은 mRNA 형태로 만들어 백신을 만들었다. 아쉽게도 DNA 백신은 상용화되지 못했지만, mRNA 백신은 SARS-CoV-2의 스파이크(S) 단백질 중 세포내 수용체와 결합하는 부위만을 암호화하는 mRNA를 체내에 접종함으로써 SARS-CoV-2에 대한 방어 체계를 체내에서 구축할 수 있도록 했다. 이 혁신적인 mRNA 백신 뒤에는 2023년 노벨 생리의학상으로 그 공로를 인정받은, mRNA에 미친 '커털린 커리코'가 있었다.

문제를 돌파하고
선구자로 우뚝 선 커털린 커리코

헝가리에서 태어난 커리코는 대학에서 식물학을 전공하고 졸업 후 세게드 생물학 연구센터에서 지질을 연구하다, 1977년 RNA 연구실을 차린 유기화학자 제노 토마시^{Jeno Tomasz} 밑에서 박사학위를 받았다. 당시 RNA의 작은 분절이 체내에서 인터페론* 유도를 통해 항바이러스 메커니즘을 유도할 수 있다는 것이 밝혀지기 시작했다. 그는 RNA 분절을 직접 합성하면 훌륭한 항바이러스 제제가 될 것이라고 생각했다. 커리코는 1985년 필라델피아 템플대학교의 연구원으로 임용되면서 지질막을 통해 mRNA 물질을 세포내로 전달하는 암 유전자 치료 연구를 시작했다. 생화학자 로버트 수하돌닉^{Robert Suhdolnik} 연구실에서 HIV 환자를 치료하기 위한 이중가닥 RNA를 사용해 RNA가 인터페론을 유도해 바이러스 증식을 억제할 수 있다는 가설을 세웠

• 척추동물의 면역 세포에서 만들어지는 자연 단백질로, 바이러스, 박테리아, 기생충 및 종양 등 비자기 물질들에 대응하며, 면역반응을 돕는다.

커털린 커리코 박사

다. 임상시험 결과, 이중가닥 RNA는 환자에게 큰 도움이 되지 않는 것으로 밝혀졌지만, 연구실에서 진행된 의미 있는 시도는 세계적인 권위의 의학잡지《란셋》에 게재되었다.

이후 수하돌닉과의 원만하지 않은 관계로 템플대학교에서 해고된 커리코는 1988년 미국방부 산하 보건과학대학Uniformed Services University of the Health Sciences으로 옮겨 와 세포내로 핵산을 전달하는 방법을 연구하기 시작했다. 과거 지질과 리포솜*에 대한 경험을 바탕으로 리포펙틴**을 이용한 연구를 진행했다. 이후, 펜실베니아대학교University of Pennsylvania에 임용되면서 혈관 이식에 관한 문제를 개선하기 위한 방법으로 리포펙틴을 이용해 mRNA를 세포내로 전달하는 연구를 진행했다. 당시 심장외과 교수였던 엘리엇 바나단Elliot Barnathan은 혈액 응고를 억제하는 유로키아나제Urokinase***와 결합하는 유로키아나제 수용체를 연구했고, 커리코는 mRNA를 이용해 이 수용체를 세포내에서 과발현시키는 작업을 시도했다. mRNA 주입을 통해 높은 농도로 발현된 유로키아나제 수용체는 형광색을 띠며 현미경 속에서 반짝 빛나고 있었다. 그때 커리코는 mRNA의 무한한 가능성을 발견했다. mRNA가 그의 인생에 아주 깊숙이 들어온 순간이었다. 그러나 세포에서는 mRNA 전달로 잘 발현되던 단백질들이, 살아 있는 유기체에서 mRNA를 전달했을 때는 독성을 나타냈다. mRNA를 접종받은 쥐들이 과다한 염증 반응을 일으켰고, 이와 같은 mRNA의 불안정성과 비효율적인 전달 방식 때문에 많은 과학자들과, 연구비를 다루는 이들이 커리코와 그

● 인지질을 수용액에 넣었을 때 생성되는 인지질 이중층이 속이 빈 방울 같은 구조를 이룬 것을 말한다.

●● 리포솜과 펙틴의 결합을 나타내는 용어. 리포솜은 세포막과 유사한 구조로 약물을 안전하게 보호하고 전달하는 데 사용되며, 펙틴은 식물에서 추출된 다당류로 점착 특성을 가지고 있어 약물의 안정성을 높이고 흡수를 돕는다.

●●● 혈전을 분해하는 효소로 혈전 용해제로 사용된다.

의 연구에 대해 의심하기 시작했다. 결국 펜실베니아대학교에서는 커리코를 교수로 임용하지 않았다. 그는 연구실 구석의 작은 실험실을 배정받아 평범한 독립 연구원으로서 홀로 자신만의 mRNA 세계를 구축해 나갔다.

mRNA 연구에 한발짝 다가서다

그러다 어느 날, 커리코는 펜실베니아 대학에 막 부임한 면역학자 드류 바이스먼Drew Weissman을 만났다. HIV 백신 연구에 한창이던 그는 항원제시 면역 세포인 수지상 세포*를 이용한 아이디어를 갖고 있다며 이야기를 시작했다. 그의 이야기를 듣던 커리코는 "저는 mRNA를 연구하고 있고, 당신이 연구 중인 백신을 위한 mRNA를 만들 수 있어요"라고 말한 뒤 그의 연구에 동참했다. HIV 백신 연구와 mRNA 생산과 세포 전달 연구를 융합해 HIV에 대한 mRNA 백신 연구를 시작했다. 이 과정에서 바이스먼은 커리코가 만든 HIV 백신의 그룹특이 항원 단백질Group-specific Antigen Protein**에 대한 mRNA를 면역 체계에서 중요한 역할을 하는 인간 수지상 세포에 주입했다. 이 과정에서

• 면역계에서 중요한 역할을 하는 세포로, 외부에서 침입한 병원체 등의 항원을 인식하고 처리해 T세포와 같은 면역 세포에게 항원을 제시함으로써 면역반응을 유도한다.

•• HIV의 중요한 구조 단백질 중 하나로 바이러스 입자 형성과 조립에 핵심적인 역할을 하는 단백질이다.

그는 세포내에서 많은 HIV의 단백질이 생성되고 TNF-a*를 비롯한 염증성 사이토카인이 분비되는 것을 발견하고는 좋은 신호라고 이야기했다. 하지만 커리코는 이미 mRNA의 강한 염증 반응 유도가 무엇을 의미하는지 알고 있었기에 오히려 실망했고, 이후 여러 해 동안 다양한 유형의 RNA가 면역 체계와 어떻게 상호작용하는지 연구했다. 이 연구에서 대조군으로 체내에 존재하던 tRNA**는 면역반응을 유도하지 않았다. tRNA의 결과에서 약 4분의 1의 염기서열이 자연적인 변형을 보인다는 점에서 힌트를 얻은 커리코는 mRNA의 염기서열에 다양한 화학적 변형을 준 여러 종류의 mRNA를 생산했다. 그중 mRNA의 유리딘Uridine*** 대신 의사유리딘Pseudouridine****으로 변형시킨 mRNA가 면역 체계의 반응을 감소시키며 mRNA를 통해 원하는 단백질을 생체 내에서 안전하게 발현시킬 수 있다는 것을 밝혀냈다. mRNA가 신체에서 단백질을 생성할 때 발생할 수 있는 염증 반응을 최소화하는 방법으로 mRNA 백신의 효능

●   면역반응을 조절하는 신호 단백질 사이토카인cytokine의 일종으로 염증 반응을 촉진하고, 세포 생존 및 사멸, 염증성 질환에서 중요한 역할을 한다.

●●   단백질 합성 과정에서 아미노산을 리보솜으로 운반하는 역할의 RNA 분자로, mRNA의 코돈과 상호작용해 아미노산을 순서대로 연결한다.

●●●   핵산을 구성하는 표준 뉴클레오사이드 중 하나이며 RNA에서만 발견된다.

●●●●   유리딘의 구조적 이성질체로 RNA에서 발견되는 변형된 뉴클레오사이드다.

과 안전성을 크게 향상시킨 결과였다.

2013년 커리코는 mRNA를 실제 임상과 접목시키고자 독일 바이오엔텍의 부사장으로 자리를 옮겨 백신이 아닌 암 치료를 위한 단백질 대체 연구를 시작했고, 흑색종이나 두경부암 치료를 위한 mRNA를 연구했다. mRNA를 이용한 그의 기술은 지카 백신과 메르스 백신 개발에 응용되기 시작했다. 그러다 2019년 12월 코로나19를 맞이했다. 커리코가 40년이 넘는 세월 동안 고비마다 하나씩 돌파해 왔던 문제들이 결국 코로나19라는 인류가 감당할 수 없었던 질병을 함께 이겨내는 데 밑거름이 되었다. 이 연구를 기반으로 SARS-CoV-2의 mRNA로부터 스파이크 단백질(S)을 생산하도록 해 면역반응을 유도하는 모더나 백신과 바이오엔텍 및 화이자 백신이 탄생할 수 있었다. 커리코는 바이스먼과 함께 첫 번째로 mRNA 백신을 접종받았다.

글로 나열하면 몇 줄 밖에 안 되는 커리코의 업적은 과학자로서 그가 평생을 쏟아부은 결과다. 우리 몸에서 일어나는 면역반응을 피해 바이러스 항원을 성공적으로 만들어내고, 그에 대한 항체를 만드는 면역반응을 유도하는 기술은 백신의 안전성에 있어서 가장 중요한 일이다. 한 번도 NIH의 R01 보조금*을 받은 적이 없을 만큼 학계 내에서 외면받던 커리코는 2023년 mRNA 백신 연구로 노벨 생리의학상을 수상했다. 그리고 다시 펜실베니아대학교 연구실로 자리를 옮겼다. 그의 동료인 야노시 루드빅 János Ludwig 은 "커리코, 지난 10년 동안 그 어떤 어려움들도 당신이 더 나은 과학적 해결책을 찾는 것을 막을 수 없었던 것처럼, 현재의 어떠한 성공과 명예도 당신이 과학자로 나아가는 것을 막지 못하길 바랍니다"라고 말하며 커리코의 명예로운 복귀를 환영했다. 커리코는 이제 백신을 넘어 개인 맞춤치료에까지 적용 가능한 mRNA의 무한한 가능성을 다시금 마음에 품고 선구자의 자리에 우뚝 서 있다.

● NIH에서 지원하는 대표적인 연구지원 프로그램으로 3~5년 동안 독립 연구자로서 생의학 및 행동과학 분야의 중요한 기초 연구를 진행하는 데 사용된다.

──────── 5부 코로나19, 백신의 새로운 시대를 열다

6부
포스트 코로나,
우리가 백신을 말할 때

1
백신 신뢰와
공중 보건의 딜레마

●

2016년 4월 필리핀 정부는 세계 최초로 취학 아동 100만 명을 목표로 뎅기 백신인 뎅백시아를 접종하는 공중 접종 프로그램을 시작했다. 백신 제조사인 사노피는 지난 20년간 뎅기 백신을 개발해 왔고, 2011년에는 10개국 3만 천 명을 대상으로 임상 3상을 진행했다. 필리핀에서 캠페인이 시작되기 2달 전, 뎅기 바이러스의 권위자인 스콧 홀스테드Scott Halstead는 이 임상 3상 시험 데이터가 실린 논문을 분석하고, 그가 연구해 발표했던 항체의존 면역증강●으로 인해 기존에 뎅기열을 앓지 않은 아이들이 위험할 수 있다고 공식적으로 이의를 제기했다. 특히 그는 백신 접종이 뎅기열을 앓지 않았던 어린이의 경우 혈관에서 혈장이 새는 '혈장누출증후군'이라는 치명적인 합병증의 위험을 높이는 것으로 판단했으며, 백신의 안전성을 염려하는 여러 논문을 발표했다. 사노피는 홀스테드의 주장에 동의하지 않았다.

● 특정 바이러스 감염에서 항체가 바이러스의 감염을 더 악화시키는 현상을 말한다.

그들은 규제 기관이 임상시험의 안정성 프로필을 기반으로 백신을 승인했다는 반박문만 내보냈으며, 안전성과 효능에 대한 추가 연구를 수행할 것이라고 밝혔다. 이에 WHO 산하 전략자문그룹Strategic Advisory Group of Experts on Immunization(SAGE)은 이 백신을 뎅기 바이러스 감염률이 70% 이상인 지역의 9~16세에게 접종할 것을 권고했으며, 사노피에 안전성 문제를 해결하기 위한 연구를 할 것을 권고했다.

백신 상용화에 관한
사회적 합의 과정의 중요성

2017년 11월, 사노피는 홈페이지에 뎅백시아의 안전성에 대한 내용을 업데이트했다고 알렸다. 홈페이지에서 뎅기열을 앓은 적 없는 아이들이 백신을 접종받을 경우 중증 뎅기열에 걸릴 위험이 있으며, 그들에게 백신 접종을 권장해서는 안 된다고 발표했다. 홀스테드의 주장이 맞았던 것이다. 사노피의 후속 연구에 따르면 백신 접종은 아이들의 뎅기열 감염 후 입원 비율을 약 1.1%에서 1.6%로 높이는 것으로 드러났다. 필리핀의 어린이 100만 명 중 약 천 명이 백신으로 인해 5년 동안 입원할 가능성이 있었다. 반면에 백신 접종을 진행할 경우 동일 기간 동안 뎅기열에 감염된 적 있는 만 2천 명의 어린이들이 또 다른 뎅기 바이러스 감염으로 병원에 입원하는 것을 예방할 수 있다고 분석했다.

백신은 예방이 목적이다. 받아들일 수 있는 잠재적인 위험에 대한 하한선, 즉 부작용의 비율이 더 낮아야 한다. 그래야 접종 대상자들이 백신에 대한 염려와 기피를 줄일 수 있기 때문이다. 홍역 백신의 부작용 비율은 100만분의 1밖에 되지 않는 것에 비하면 뎅백시아의 부작용 비율은 너무 높았다. 이에 WHO는 기존에 뎅기열을 앓았던 아동만 해당 백신을 접종해야 한다고 이야기했다.

이후 필리핀에서는 소셜미디어를 통해 뎅기 백신 접종 사망자에 대한 이야기들이 퍼지기 시작했다. 필리핀 정부는 2017년 12월 뎅백시아 접종 프로그램을 중단하고 제약사에 환불을 요구했으며, 2019년 3월 복지부 공무원과 사노피 직원 등을 기소했다. 필리핀 보건부에 따르면 약 89만 명의 아이들이 백신을 접종했고, 그중 사망자가 315명이었다. 그중 뎅기열 때문에 사망한 사람은 41명이었다. 그러나 부검 결과 어떤 사망자도 뎅백시아와의 직접적인 연관성은 뚜렷하게 밝혀지지 않았다.

《포춘》의 에리카 페이Erika Fay 기자는 이러한 결과를 두고 처음부터 부작용에 대한 명확한 사실을 기재하지 않은 사노피, '중증'이라는 단어에 공포감을 느낀 부모들, 정치적인 목적으로 백신 캠페인을 밀어부친 보건당국, 과학적인 사실이 아닌 자극적인 방식으로 소송을 대리하는 공익변호사협회 등이 얽힌 복잡한 상황임을 그의 기사에서 이야기했다.

이 사건으로 모든 백신에 대한 필리핀 사회의 불신이 높아졌다. 이전에 백신을 신뢰한다는 응답이 93%에 달했던 필리핀의 백신 신뢰도가 이 사건 이후 32%로 떨어졌다. 그로 인해 홍역 백신 접종률이 낮아져 2018년부터 홍역 발병이 증가했고, 2019년 보건당국의 집계에 의하면 4만 명이 넘는 홍역 감염자와 556명의 사망자가 생겨났다. 그 사이 뎅기열 발병률 또한 점차 증가해 2019년에는 약 36만 건의 감염이 발생했고, 약 천 400명의 사망자가 보고되었다. 한번 무너진 백신에 대한 신뢰는 그 백신 뿐만 아니라 다른 질병에 대한 백신 접종률에도 영향을 끼친다. 더 나아가 공중 보건과 질병 부담률을 크게 악화시킨다.

백신 주저 해결을 위한 노력들

뎅기 백신으로 생겨난 필리핀 사회의 '백신 주저vaccine hesitancy'는 코로나19 기간 동안 필리핀 보건당국은 물론 국민들에게 큰 영향을 미쳤다. 코로나19 백신 접종이 시작된 이후, 필리핀 현지의 여론조사에서 천 200명 중 ⅓만이 코로나19 백신 접종을 받을 의향이 있다고 밝혔고, ⅓은 백신 접종을 하지 않겠다고 응답했으며, 나머지 ⅓은 백신 접종에 대한 확신이 없다고 응답했다. 당시 필리핀의 코로나19 발병률은 동남아시아에서 최악의 상황이었다. 필리핀 지방 정부는 백신 주저를 극복하기 위해 다양한 상품을 내걸었다. 가족이 부동산 재벌인 하원 의원은 집 한 채를 1등 추첨 상품으로 내놓았으며, 오토바이와 100달러 이상의 식료품 패키지 또한 상품으로 내놓았다. 또 다른 지방정부는 백신을 접종한 사람을 대상으로 추첨해 소 한 마리를 증정한다는 광고를 내걸기도 했다. 지방정부의 추첨 행사는 백신 접종률을 약 50%까지 끌어올렸고, 대중의 폭발적인 관심을 일으켰다.

덴기 백신부터 이어진 필리핀 내 백신에 대한 불신은 시간이 지나도, 더 심각한 전염병이 눈 앞에 있어도 쉬이 가시질 않았다. 필리핀 언론은 코로나19 백신에 대한 필리핀의 불신과 주저는 전염병에 대한 중앙정부의 일관되지 않은 메세지가 원인이었다고 이야기했다. 백신은 과학을 기반으로 만들어진다. 그러나 과학만으로 백신이 공중 보건에 영향을 미치거나 바이러스를 물리칠 수 없다. 백신을 개발하는 과학자, 이를 판매하는 백신 회사, 대대적으로 백신을 접종하고 관리해야 하는 보건당국, 그리고 백신의 수혜자들의 공중 보건을 위한 인식이 한데 모여 연결되어야 한다.

2
백신 개발의 복잡성
: 세포 기질의 윤리와 과학

세포 기질 Cell substrate은 생물의학품을 제조하는 데 사용되는 세포를 통틀어 일컫는 말이다. 백신을 생산하기 위해서, 의약품을 생산하기 위해서 혹은 의약품의 활성이나 효과를 측정하기 위해서 수많은 세포 기질들이 사용된다. 역사적으로 이 세포 기질들이 어디서 유래되었는가는 끊임없이 백신반대론자나 종교인들의 공격을 받아왔다.

폴리오 백신의 문제

백신 개발 연구의 역사를 거슬러 올라가보면, 폴리오 백신 개발 당시 조나단 소크는 바이러스 배양을 위해서 인간 자궁경부암 세포인 힐라HeLa 세포를 사용했다. 당시 힐라 세포는 아데노 바이러스 백신 개발에도 사용되었는데, 이 백신을 군대에서 사용하기 위한 논의에서 미국 군대역학위원회는 백신 생산을 위한 세포 기질에 종양 세포가 아닌 '정상 세포'를 사용할 것을 권장했다. 인간의 종양 세포가 백신 접종자에게 무엇인지 모르는 발암 인자를 전달할 수도 있다는 우려 때문이었다.

폴리오 백신이 지닌 윤리적 문제는 과학자 엔드스, 웰러, 로빈스에 의해 백신 개발 기술이 전환점을 맞이한 이후 다시 제기되었다. 이전에는 원숭이 척수에 바이러스를 접종해 척수 추출액을 백신으로 사용하는 식으로 동물의 신경 조직에서만 배양 가능했던 폴리오 바이러스가 인간 및 비인간 영장류의 비신경 조직에서 배양될 수 있게 되면서 폴리오 백신의 개발 대량생산이 가능해졌다. 이 과정에서 폴리오 백신뿐만 아닌 붉은털 원숭이 신장 세포를 이용한 다른 백신 개발에서 안전성 문제에 부딪쳤다. 힐먼은 폴리오 백신에서 SV40이 오염되어 있음을 발견하고, 인간에게 어떤 영향을 끼칠지 모르는 SV40이 오염된 백신은 위험하다고 지적했다. 폴리오마 바이러스인 SV40은 인간과 동물에게 종양을 유발하는 바이러스로 알려져 있다. 소크의 폴리오 불활화 백신과 사빈의 폴리오 생백신 둘 다 SV40의 영향을 받았는데, 그중 불활화 백신의 경우 포르말린으로 불활화시키는 과정에서 SV40을 완벽하게 불활화하지 못했다. SV40이 오염된 백신은 1963년까지 접종되었고, 1955~1963년 폴리오 백신을 접종한 기록이 있는 이들을 대상으로 35년간 후속 연구를 진행했다.[*] 이 연구를 비롯해 여러 역학 연구에 따르면 1963년 이전 폴리오 백신에 포함된 SV40이 암을 유발했다는 증거는 발견되지 않았다.

---

*   Br J Cancer. 2001 Nov 2;85(9):1295-7

비종양 세포와 정상 세포에 관한 논의

당시 백신 연구자들은 SV40 오염을 피해갈 수 있는 새로운 세포 기질을 찾아야 했다. 위스터Wistar 연구소의 레오나드 헤이플릭Leonard Hayflick은 종양에 대한 위험성을 배제하기 위해서는 인간이나 원숭이의 종양 세포가 아닌 비종양 세포의 배양이 필요하다고 생각했다. 그는 바이러스에 감염되지 않은 가장 깨끗한 세포로 자궁에서 병원균으로부터 보호받고 있는 태아 세포를 생각했고, 세포배양의 후보로 여겼다. 이에 따라 낙태된 태아를 확보해 성공적으로 세포를 분리 및 배양했고, 이 세포는 WI-38이란 이름으로 풍진 백신과 광견병 백신에 사용되었으며, 다른 질병 연구를 위해 4개 대륙의 WHO 실험실로 보내졌다. 1970년대 영국 의학연구위원회Medical Research Council(MRC)에서는 낙태된 태아에서 두 번째로 세포배양에 성공했으며, 이 세포주는 MRC-5로 명명되었고, A형 간염, 수두, 대상포진 백신 개발에 사용되었다. 이는 인간 배아 세포주는 '정상 세포'를 세포 기질로 사용해야 한다는 이데올로기에 편승하는 것이었다.•

바이러스 백신 생산을 위한 세포 기질은 국제 및 각 국가의 규정에 의해 정의되지만, 바이러스학, 세포 생물학 및 분자 생물

•   US Department of Health, Education and Welfare, Public Health
        Service. Regualtion for the Manufacture of Biological Products, title
        42, part 73. DHEW publication no (NIH) 71~161, formerly PHS
        publication no 437, revised 1971~1976

6부 포스트 코로나, 우리가 백신을 말할 때

학, 단백질 정제 등의 연구를 비롯해 백신과 생물의학품의 품질 관리 등에 사용되는 테스트에는 그 분야의 기술 발전에 따라 적용되는 규정이 개정된다.

1978년 뉴욕의 국제회의에서는 백신 생산을 위한 체외 세포 또는 암 조직에서 파생된 이배체* 연속 세포주Continuous Cell Line(CCL)** 사용에 대한 회의가 있었다. 비록 인간 세포이거나 암 세포일지라도 이들은 기존에 사용하던 세포 기질보다 몇 가지 이점이 있었다. 첫 번째는 조직에서 1차 배양하는 세포보다 더 깨끗하게 관리될 수 있고, 세포 은행을 통해 세포 기질의 품질과 특성을 유지할 수 있다는 점, 두 번째는 재현 가능한 세포 성장이 가능하고 세 번째는 더 높은 수율로 백신을 생산할 수 있으며, 네 번째는 실험동물 사용을 줄일 수 있다는 것이다. 종양 세포에서 유래됐거나 동물의 종양 바이러스가 있을지라도 세포 기질로 이용되는 세포의 경우는 종양으로 발현되지 않는다는 과학적 증거들이 축적되었기 때문에 가능한 일이었다. 현재 많은 백신 생산에 쓰이는 아프리카 녹색 원숭이의 신장 상피 세포인 베로Vero 세포는 이러한 논란을 거쳐 수많은 이들의 생명을 전염병에서 구하는 일에 사용되고 있다. 1986년 WHO 연

- 각 부모의 DNA 염색체가 쌍을 이루거나 두 세트의 DNA 염색체를 가진 세포를 이야기하며, 포유류 세포는 모두 이배체다.
- 무한정으로 분열할 수 있는 세포 집단으로 연구 및 기타 용도로 사용 가능한 무한의 세포 공급원이다.

구그룹은 백신 및 기타 생물학적 제조에 CCL 사용에 대한 평가를 했으며, 전문가들은 이 문제에 대해 다양한 측면을 검토하고 CCL사용을 권장했다.[*]

코로나19 백신과 태아 세포 논란

코로나19백신 개발이 한창일 때 백신반대론자들 가운데 백신에 낙태된 태아 세포가 포함되어 있다는 주장이 있었다. 아데노 바이러스의 벡터 바이러스를 기반으로 하는 얀센의 코로나19 백신은 PER.C6라는 태아 망막 세포주에서 만들어졌으며, 화이자와 모더나의 mRNA 백신은 박테리아 배양 과정을 통해 합성하지만 백신을 테스트하는 과정에서 태아에서 분리한 인간 배아 신장 세포인 HEK-293T을 사용했다. 중요하고 또 오해하지 말아야 할 부분은 태아 세포주는 태아 조직이 아니라는 것이다. 낙태를 금지하는 가톨릭계에서는 낙태된 태아로부터 분리된 이 세포주를 이용한 백신에 대해 거부감을 갖고 있는 것도 사실이다. 그러나 이러한 세포들은 백신뿐만 아니라 생명과학 분야에서 광범위하게 사용되고 있으며, 심지어 다양한 질병에 대한 치료법을 식별할 때나, 단클론항체[**] 치료제나 수많은

---

[*] Petriccianni J. Cell, products, safety: background papers from the WHO Study Group on biologicals. Dev Biol Stand 1987;68:43~9

[**] 특정 질병을 유발하는 바이러스, 세포 또는 단백질과 같은 표적에 특이적으로 결합하는 항체를 치료제로 사용하는 것으로, 예를 들어 코로나

신약에 대한 테스트, 심지어 타이레놀의 약물 연구에도 태아 세포주가 사용되고 있다. 가톨릭생명윤리센터에서는 태아 세포주가 사용되지 않는 백신을 사용할 것을 권장하며, 특정 질병에 대해 사용할 수 있는 유일한 백신이 태아 세포주를 이용해 개발되었을 경우 낙태와의 역사적 연관성에 관계없이 백신을 도덕적으로 자유롭게 접종하라고 이야기한다. 공중 보건에 대한 위험이 백신을 만드는 세포의 기원보다 더 중요하기 때문이다. 그럼에도 가톨릭생명윤리센터는 태아 세포주를 사용하지 않는 백신 개발을 계속해서 장려해야 한다고 이야기한다.

백신 개발의 세포 기질에 대한 또 다른 종교계의 주장도 있다. 무슬림의 경우 가톨릭과 마찬가지로 태아 세포주에 대한 주장도 있으며 돼지고기를 금지하고, 할랄에 속하지 않은 성분에 대한 우려를 보이고 있다. 돼지에서 추출한 젤라틴은 보관과 운송 중 백신이 안전하고 효과적으로 유지되도록 도와주는 안정제이며, 돼지에서 추출한 트립신이라는 효소는 로타 백신의 바이러스 활성화를 필요로 한다. 코로나19 이전에도 여러 백신들은 할랄 인증을 받기 위해 노력했다. 로타 백신의 경우 돼지 유래 트립신을 합성 트립신으로 대체했으며, 심지어 인도네시아 백신 회사는 할랄 백신을 개발 중이다. 중국의 시노백 백신은

19의 경우 코로나 바이러스의 표면의 특정 단백질에 결합할 수 있는 항체를 인위적으로 생산해 정맥 주사로 투여하는 방식으로 치료제로 사용했다.

할랄 백신으로 처음 승인을 받았고, 아스트라제네카 백신은 할랄이 아닌 '하람(금지)'으로 선언되었다. 모더나와 화이자 백신은 할랄 인증이 되지는 않았지만, 인도네시아 정부와 무슬림 단체는 이러한 백신이 공중 보건의 위협 상황에서 단점보다 공중 보건에 미치는 이익이 더 크므로 일시적으로 그 사용을 인정하고 있다.

백신은 모두를 질병으로부터 안전하게 하는 게 목적이다. 백신 개발과 생산에 사용되는 세포 기질과 첨가제들에 대한 과학적 규제는 70년이란 시간 동안 과학자들의 실험대에 차곡차곡 쌓인 데이터를 통해 그 안전성이 확인되었다. 백신 생산 과정의 품질 관리에는 동물이나 인간의 유전자나 단백질 성분을 제거하기 위한 여러 과정들이 속해 있다. 사회적으로는 이미 개발된 백신이 공중 보건에 미치는 긍정적인 영향들을 포용하고, 과학계는 세포 기질 및 첨가제로 인한 논란을 해결하기 위해 미래의 백신 기술 개발을 통한 협력 관계를 구축할 필요가 있다.

3
백신 이상반응 보고 시스템

백신의 반응원성Reactogenicity은 백신 접종 직후 나타나는 반응이며, 주로 염증 반응의 물리적 징후다. 일반적인 증상으로는 통증, 발진, 부종, 발열, 근육통, 두통과 같은 전신 증상이 대부분이다. 조금 더 큰 범위의 '안전성'은 백신 접종 후 기간에 상관없이 일어날 수 있는 혹은 잠재적인 모든 이상반응을 이야기하며 아나필락시스 반응, 백신 접종 후 진단되는 질병 및 자가면역질환을 다 포함한다. 임상시험에서 수집되는 접종 후의 모든 징후는 백신 개발에 있어서 가장 중요한 부분이다. 임상시험에서 특이적인 반응원성이 나타난다면 그보다 훨씬 많은 인구에게 백신을 접종하는 대규모 백신 접종에서 여러 사람에게 특이적인 증상이 나타날 수도 있고, 이 과정에서 오히려 백신에 대한 부정적인 인식이 더해져 공중 보건에 악영향을 미칠 수 있기 때문이다.

안정성 수행에 관한 시스템 구축

백신의 안전성은 백신 개발 과정에서도 엄격하게 다뤄진다.

바이러스를 세포에 배양한 이후 정제하는 과정에서 세포의 단백질과 유전자 그리고 사용된 여러 시약들을 제거하는 과정을 거친다. 또한 백신을 제제화하는 과정에서도 안정성을 위해 첨가되는 화학첨가물 혹은 면역 보조제의 농도가 인체에 안전한지 등에 대한 엄격한 독성 평가를 시행한다. 이러한 전임상(임상 시험 이전에 시행되는 동물 실험) 실험은 백신에 대한 임상시험 허가를 받기 위한 전제조건이다. 그러나 무엇보다 제일 중요한 것을 백신 임상시험 시 행해지는 안전성 시험이다. 보통 임상 1상이나 2상에서 안전성 시험이 시행되는데 그 기간 동안 참여자로부터 접종 부위 및 전신 징후는 없는지, 그 외의 특이적인 이상반응은 없는지 등의 데이터를 수집해 백신의 안전성을 분석한다. 백신이 승인되면 세계 의료 전문가, 일반인 및 규제 기관으로부터 받은 이상반응에 대한 자체적 보고서 검토와 함께 제조업체, 규제 당국 및 독립 연구자가 수행하는 약물 감시 활동을 통해 백신 안전성을 모니터링한다. 코로나19 전후로 각국은 백신 이상반응을 모니터링할 수 있는 시스템°을 구축했다. 이에 따라 여러 플랫폼을 통해 실시간으로 이상반응이 보고된다. 특이적인 이상반응이 있을 경우에 대비해 표적 안전성 연구를 통한 문제 인식 및 조사 시스템을 구축하고 있다.

● 영국의 옐로우 카드 보고 시스템Yellow Card Reporting System, 미국의 백신 이상반응 보고 시스템The Vaccine Adverse Event Reporting System(VAERS), 한국의 예방 접종 등록 시스템의 이상반응 의심 신고 시스템 등이 있다.

면역반응에 관한 관찰

병원에서 백신을 접종하면 주의사항으로 항상 백신 접종 후 일어날 수 있는 증상에 대한 설명이 있다. 발열 및 국소 통증이 가장 흔하게 나타나는 증상인데, 이를 이해하기 위해서는 백신에 의한 면역반응을 들여다볼 필요가 있다. 우수한 백신일수록 접종 후 빠른 시간에 선천적 면역반응을 유도한다. 백신 항원이 체내에 들어가면 이를 외부인자 PAMPs, DAMPs, PRRs로 인식하고, 주로 백신을 접종한 국소 부위에서 비특이적인 선천적 면역반응이 일어난다. 백신을 외부 인자로 인식하게 되면 세포에서 발열성 사이토카인 즉, 인터루킨 IL-1, IL-6, 그리고 종양괴사 인자(TNF-α)의 합성 및 방출이 일어나 혈류를 통해 체내에 전달된다. 면역계에서는 식균 작용, 케모카인 및 사이토카인을 포함한 염증 매개체 방출, 보체의 활성화 등의 선천적 면역반응이 일어난다. 이러한 증상은 접종 부위에서 통증 및 붓기 등의 염증으로 이어질 수 있다.

백신의 면역반응을 높이기 위해서 많은 백신이 면역 증강제Adjuvant를 백신 제형에 첨가한다. 면역 증강제는 면역반응을 더 강하게 유도하는 자극제로 단백질 백신이나 불활화 백신에 첨가해 사용한다. 면역 증강제를 백신과 함께 투여할 경우 사이토카인과 케모카인이 급격히 발현되며, 국소 부위뿐만 아니라 면역 세포들이 모여 있는 림프절에서의 사이토카인 반응을 강하게 유도한다. 종종 백신 접종을 한 후 접종 부위가 아닌 겨

드랑이 부위(림프절)의 통증이 느껴지는 이유가 바로 이 때문이다. 국소 부위에서 시작된 면역반응은 혈류를 통해 미주신경과 뇌에도 전달된다. 뇌에서는 프라스타글린딘 E2처럼 체온 상승 및 두통과 같은 전신 증상과 연관된 물질이 증가되고, 말초혈관을 수축시켜 오한 등을 느끼게 하는 자율신경 회로를 활성화시킨다.

코로나19와 백신 이상반응 보고

코로나19 백신 접종이 전 세계에서 대대적으로 시행되면서 다양한 이상반응이 보고되었다. mRNA 백신의 경우, 백신을 접종한 이후 강력한 면역반응이 유도되어 국소 통증을 비롯해 림프절 통증으로 팔을 올리기조차 힘들거나, 감기와 비슷한 증상이 나타났다. 이러한 이상반응은 이미 임상시험으로 예상됐던 반응이었고, 오히려 백신 접종 시 의료진들은 접종한 당일 진통제 복용을 권고했다.

SNS를 비롯한 미국 백신 이상반응 보고 시스템에는 여성의 생리 주기와 관련된 이상반응에 대한 이야기가 나오기 시작했다. 생리 주기가 바뀌었다는 가벼운 이야기부터 몇 주째 생리가 멈추지 않는다는 보고도 있었다. 화이자의 임상 3상 자료를 보면 약 4만 3천 명을 대상으로 임상시험을 했다고 밝혔다. 위약 그룹을 생각하면 실제 백신 접종을 받은 사람은 50% 정도이니 약 2만 천 명이 백신을 접종받은 것이다. 그중 여성 비율은 전체의 25%이며, 그중 폐경 전 여성의 비율은 25%보다 훨씬 더 낮았다. 1만 명도 안 되는 폐경 전 여성을 대상으로 한 임상시험에서는 나타나지 않았던 생리 주기와 관련된 이상반응은 임상시험에서 왜 다양한 피험자들이 필요한가에 대한 이유를 역설한다.

미국의 첫 번째 코로나19 백신 접종자는 뉴욕의 중환자실 흑인 간호사였다. 백신 접종 캠페인을 위해서 백신에 대해 부정적인 인식이 있는 흑인 그룹과 의료 종사자를 대표하기에 첫 백신 접종자의 의미는 컸다. 코로나19 백신 임상시험자를 모집할 때도 유색인종의 임상시험 참여를 독려했다. 인종으로 생활 습관 및 문화가 분리되어 있는 미국에서는 인종에 따른 건강 불평등 문제가 늘 공중 보건에서 문제였고, 중요했기 때문이다. 따라서 유색인종의 참여를 높여 흑여나 인종에 따라 백신의 효과 혹은 이상반응 차이가 있는지를 확인할 필요가 있었다. 그러나 결과적으로 가임기 여성의 표본 확보보다 여성과 남성의 50:50 이라는 숫자에만 집중하느라 '여성의 생리 주기 변화'라는 이상반응을 예상하지 못했다.

오레곤 대학의 앨리슨 에델만Alison Edelman과 블레어 다니Blair Darney는 백신 접종자들의 생리 주기 변화를 후향적으로 내추럴 사이클스Natural cycles 라는 생리 주기 어플리케이션의 데이터를 통해 분석해 발표했다.* 이 연구는 해당 어플리케이션을 사용하는 미국, 캐나다, 영국 및 유럽에 거주하는 약 9천 5백 명(백신 접종자 7,401명, 미접종자 2,154명)을 대상으로 했다. 분석에 따르면 백신 미접종자와 비교할 때 접종자 그룹 중 약 4%의 출혈량이 증가했으며, 대부분은 백신 접종 후 첫 생리 주기 이후에 다시 정상 주기로 돌아왔다. 이러한 결과는 이상반응으로 감지된 문제를 백신 모니터링을 통해 다시 거꾸로 추적해 갔다는 데 의미가 있다. 이 연구 이후 NIH의 지원을 통해 일시적인 생리 주기 변화에 대한 더 깊은 연구가 이어졌다. 최근 발표된 논문에 의하면 코로나19에 감염되었을 때 백신을 접종한 경우보다 생리 주기 변화가 더 잘 나타나며, 이는 SARS-CoV-2가 '시상하부-뇌하수체-난소-자궁내막'까지 연결되는 축에 영향을 미쳐 일시적인 생리 주기 변화를 가져오는 시상하부 성선기능 저하증을 유발할 수 있기 때문이라고 설명했다. 또한, 바이러스와 결합하는 ACE-2 수용체가 난소와 자궁내막에도 광범위하게 발현되어 코로나19 감염 자체가 생리 주기에 직접 영향을 줄 수도 있다는 결과가 발표되었다.** 또 다른 연구에서는 코로나19 증상으로 인한 스트레스와 생리 주기 변화 사이의 연관성도 발표되었다. 코로나19 팬데믹 기간 동안 여성의 역할이 재정의되었고, 육아와 가사의 비중이 늘었으며 일상의 변화를 통해 여성의 스트레스 지수가 큰 폭으로 증가했다. 이 과정에서 생리 주기는

•   BJPG, 10 April 2023
••   Int J Clin Pract. 2022; 2022: 3199758

————————   6부 포스트 코로나, 우리가 백신을 말할 때

여성의 심리적인 영향이 건강에 많은 변화를 가져올 수 있음이 밝혔졌다.*

면역원성 획득의 원리

GSK 연구진들이 의학저널《npj 백신npj Vaccines》에 게재한 논문 「백신 반응원성의 원리와 요소The how's and what's of vaccine reactoge-nicity」에 따르면, 반응원성에 영향을 미칠 수 있는 요인으로 일반적으로 내인성 인자(면역계, 내분비계, 호르몬에 영향을 미칠수 있는 모든 것, 예를 들어 나이, 성별, 인종, 체중, 심리적 스트레스)와 투여 인자(접종 부위의 조직에 스트레스를 증가시킬 수 있는 모든 것, 예를 들어 바늘의 길이, 접종 속도, 접종 부위), 그리고 백신 인자(백신 접종 방법, 면역 증강제 종류 및 용량, 항원 용량, 접종 횟수)가 복합적으로 작용해 백신 접종에 대한 개인의 다양한 면역원성을 생성시킨다고 이야기한다. 결국 백신에 대한 면역원성을 줄이고 이상반응을 줄이기 위해서는 더 다양한 사람, 더 민감한 사람들에 대한 더 많은 연구가 필요하며, 백신 접종 후 이상반응을 지속적으로 모니터링해 백신에 대한 장기적인 데이터 확보와 투명한 공개가 반드시 필요하다.

●   Obstetrics & Gynecology 141(1):p 176-187, January 2023

4
백신반대운동
: 백신의 사회적 여정

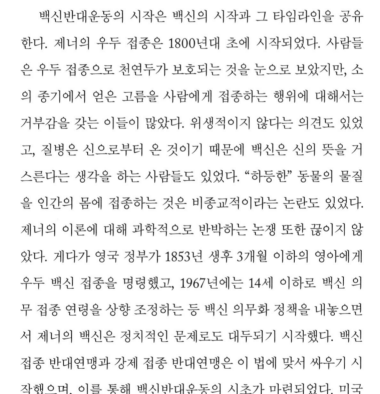

　백신반대운동의 시작은 백신의 시작과 그 타임라인을 공유
한다. 제너의 우두 접종은 1800년대 초에 시작되었다. 사람들
은 우두 접종으로 천연두가 보호되는 것을 눈으로 보았지만, 소
의 종기에서 얻은 고름을 사람에게 접종하는 행위에 대해서는
거부감을 갖는 이들이 많았다. 위생적이지 않다는 의견도 있었
고, 질병은 신으로부터 온 것이기 때문에 백신은 신의 뜻을 거
스른다는 생각을 하는 사람들도 있었다. "하등한" 동물의 물질
을 인간의 몸에 접종하는 것은 비종교적이라는 논란도 있었다.
제너의 이론에 대해 과학적으로 반박하는 논쟁 또한 끊이지 않
았다. 게다가 영국 정부가 1853년 생후 3개월 이하의 영아에게
우두 백신 접종을 명령했고, 1967년에는 14세 이하로 백신 의
무 접종 연령을 상향 조정하는 등 백신 의무화 정책을 내놓으면
서 제너의 백신은 정치적인 문제로도 대두되기 시작했다. 백신
접종 반대연맹과 강제 접종 반대연맹은 이 법에 맞서 싸우기 시
작했으며, 이를 통해 백신반대운동의 시초가 마련되었다. 미국
도 마찬가지였다. 19세기 말 천연두가 유행하면서 백신 캠페인

과 백신반대운동이 동시에 시작되었다. 영국 백신반대운동의 영향을 받아 '미국 백신반대 모임Anti vaccination society of America'이 결성되었다. 1902년 메사추세츠주 케임브리지 보건국은 모든 도시 거주자에게 천연두 예방 접종 명령을 내렸고, 헤닝 제이콥슨 Henning Jacobson은 자신의 권리를 침해한다며 백신 접종을 거부했다. 이에 시는 그를 형사고발했다. 계속된 법정 싸움 끝에, 1905년 대법원은 국가가 전염병 발생 시 국민을 보호하기 위해 강제 법률을 제정할 수 있다고 판결하면서 백신 강제 접종에 대한 최초의 판결을 내렸다.

백신반대론의 부상
: 20세기의 사회적 파장

1970년대 중반에는 북미, 유럽, 아시아 등에서 디프테리아, 파상풍, 백일해의 혼합 백신인 'DTP'가 신경 질환을 일으킨다는 문제가 제기되었고, 영국에서는 신경 질환을 앓고 있다는 36명의 어린이들에 대한 미디어의 대대적인 보도가 이어졌다. 이 사건을 계기로 오히려 1970년대 영국 의료 종사자들이 백신 권고를 꺼리게 된 것으로 나타났으며, 백신반대론자들이 신경 장애와 DTP 백신과의 관련성을 보고하는 사례를 제시해 논쟁은 더더욱 불타올랐다. 이에 대해 영국의 백신 접종 연합Joint Commission on Vaccination and Immunization(JCVI)은 신경계 질환과 백신과의 연관성에 대한 연구를 진행했다. 이 연구는 신경계 질환으로 입원한 2~36개월 사이의 모든 어린이들을 식별하고 그들이 백신 접종의 위험과 관련되어 있는지 분석했지만, 사실상 백신의 위험성은 매우 낮다는 결과가 나왔다. 결국 백신반대 회원들이 보상을 요구하는 법정 분쟁을 시작했지만, 증거 부족으로 기각되었다. 이러한 결과는 백신의 승리로 여겨지는 듯했다. 그러나 이 분쟁을 통해 백신 접종률은 급격하게 떨어졌으며 10만 2,500명의 환자가 발생하고, 27명의 어린이가 사망했다. 미국의 경우는 WRC-TV의 다큐멘터리 〈DPT: 백신 접종 룰렛DPT: Vaccine Roulette〉에서 백신 접종에 대한 부작용을 강조했다. 백신을 반대하는 이들이 책『DPT: 무모한 도전DPT: A Shot in the Dark』, 잡지, 영상 등을 통해 백신에 대한 불안을 고조시키기도 했다. 백신반대 단체Associate of Parents of Vaccine Damage Children의 소송으로 인해 무분별한 소송이 제기되었고, 그로 인해 백신 가격이 인상되었다. 이에 일부 회사는 DTP 백신 생산을 중단했다. 그러나 미국 소아과학회와 CDC는 백신반대운동에 강력하게 대응했다.

1998년 영국의 의사 앤드류 웨이크필드Andrew Wakefield는 의학 저널《란셋》에 MMR 백신이 대장염을 일으키고, 장을 통한 필수 비타민과 영양소의 흡수를 감소시키면서 자폐증을 유발한다는 논문을 게재했다. 당시 자폐증 비율이 점점 증가하던 가운데 백신과 관련 있다는 그의 논문은 엄청난 파급 효과를 가져왔다. 이 논문에 대한 논쟁이 시작되자 영국 의료면허 위원회General Medical Council(GMC)는 웨이크필드 논문의 오류를 지적했다. 웨이크필드는 백신이 자폐증에 걸린 자녀에게 영향을 미쳤다고 주장하는 부모의 소송을 위한 연구를 위해 그 부모에게 돈을 받았다. 그의 연구에는 백신 접종 후 자폐증에 걸렸다는 피험자에게서 홍역에 대한 유전 물질이 검출되지 않는 등 과학적 검증이 제대로 되지 않았다. 또한, 이 연구는 다른 연구자들에 의해 재현되지 않았을 뿐만 아니라 12명의 피험자는 자폐가 아닌 아스퍼거 증후군이었거나, 자폐가 없었던 것으로 밝혀졌다. 이 논문에 저자로 이름을 올린 13명 중 10명이 논문이 잘못되었음을 인정했다. 이에 2010년《란셋》은 그의 논문을 철회했으며, 웨이크필드는 2010년 의사 면허를 정지당했다. 2011년에는 웨이크필드가 데이터를 조작해 과학적 사기를 저지르고, 이 논문을 통해 자폐증 부모들을 비롯한 여러 경로로 재정적 이익을 얻으려고 했다는 저널리스트 브라이언 디어Brian Deer의 보고서가 발표되었다. 웨이크필드의 논문은 MMR 백신의 접종률을 급격하게 떨어뜨렸으며, 전 세계의 홍역 발병률 증가에 어마어마한 영향을 끼쳤다. 이 문제를 과학적으로 반증하기 위해 여러 나라의 수많은 연구진들이 백신 접종과 관련된 데이터를 조사했으나, 그 어떤 연구에서도 MMR 백신과 자폐증과의 연관성을 찾을 수 없었을 뿐 아니라, 백신 접종률이 낮아진 이후에도 자폐증 비율은 계속 증가했다.

또 다른 논란으로는 백신의 방부제로 사용되는 수은 함유 화합물 '티메로살'이 자폐증과 관련 있다는 이야기가 돌았다. 1930년부터 백신의 세균이나 곰팡이 오염을 막기 위해서 극소

량 사용되어온 티메로살은 에틸수은으로, 신경계에 독성을 일으키는 메틸수은(온도계 등에 사용되는 성분)과는 전혀 다르다. 이런 주장 이후에 수많은 분석과 연구를 통해 티메로살과 자폐증의 연관성을 찾고자 했으나 결국 실패했으며, 2000년대부터는 소아 백신에서 티메로살을 제거했다. 이는 백신 제형에 들어가는 물질에 대한 염려로 백신 접종률이 감소할 것을 예측하고 대비한 조치였다. 이때를 계기로 백신에 들어가는 모든 물질의 독성에 대한 규제가 더 강화되었다.

오래전부터 현재까지 백신 접종에 관한 사회적 불신이 생기는 데는 일정한 패턴이 있다. 우선, 백신반대운동자들 가운데 몇몇이 백신 접종이 진행되는 질병의 유병률이 증가했다고 말하거나 원인을 알 수 없는 의학적 상태를 '백신의 부작용'이라고 주장하며 논문을 발표한다. 단 하나의 논문일지라도 일단 게재가 되면 논문 저자는 논문이 사용되는 방식을 제어할 수 없다. 증상에 대한 뚜렷한 원인이 의학적으로, 과학적으로 밝혀지지 않았음에도 이와 같이 주장해 미디어의 관심을 불러 일으켜 백신에 대한 개인과 사회의 불신을 만들어낸다. 다른 연구자들이 그 논문에 대해 재현 혹은 검증을 하지만 백신과의 관계성은 명확히 밝혀지지 않고, 논문 하나로 전 세계 백신 접종률은 큰 폭으로 감소하는 등 공중 보건의 문제점을 낳는다. 백신에 대한 신뢰를 사회적으로 다시 회복하는 데는 시간과 돈과 인력이 들 뿐 아니라, 예방할 수 있었던 질병에 걸리거나 사망하는 아이들이 늘어나는 패턴으로 십수 년마다 반복되고 있다.

코로나19와 백신 주저 현상

코로나19를 지나며 백신반대운동의 의미는 '백신 주저vaccine hesitancy'라는 좀더 포괄적인 의미와 함께 전달되고 있다. 즉, 전염병에 대한 백신의 효과가 있다는 과학적 증거에도 백신 접종을 거부하거나, 미루거나 백신에 대해 인식하고 수용은 하지만 믿지는 못하는 상태 등을 통틀어서 백신 주저라고 이야기한다. 이는 많은 국가에서 공통적으로 드러난다.

백신 신뢰도를 조사한 2021년 결과에 따르면 코로나19 백신 접종이 활발하게 이루어지고 있던 영국과 미국의 경우 백신 접종 초반에 비해 뒤로 갈수록 신뢰도가 증가했고,* 코로나19 백신을 접종받겠다고 응답한 비율이 50%를 넘었다. 미국 정부는 백신 신뢰도를 높일 수 있는 전략을 의료인을 통한 신뢰도 회복과 구축에 초점을 맞추었으며, 각 주정부에서는 백신 접종률을 높이기 위해 여러 가지 인센티브 전략을 내놓았다. 운동경기 무료입장, 대중교통 패스, 음식 무료 혹은 할인 쿠폰 등을 제공했으며, 오하이오주와 웨스트 버지니아주에서는 백신 접종자들에게 복권을 지급하기도 했다. 몇몇 기업들은 백신 접종자들에게 휴가나 현금 인센티브를 제공하고, 델타 항공의 경우는 백신 접

---

* Source: Kaiser Family Foundation surveys of U.S. Adults/ YouGov

종자만 신규채용을 하겠다고 밝혔다. CDC의 실시간 코로나19 백신 정보에 따르면 2023년 5월까지 미국 내에서 적어도 1회 접종을 한 사람이 인구의 81%, 2회 접종을 한 사람이 70%였다. 이러한 조사에서 흥미로운 것은 코로나19 백신에 대한 강한 신뢰를 갖고 있는 그룹, 주저하는 그룹 그리고 반대하는 그룹 모두 과학적인 정보를 신뢰한다고 응답했다는 점이다. 과학적 사실은 자명한데 왜 백신에 대한 신뢰도가 있는 그룹과 백신을 반대하는 그룹의 반응은 이렇게 다른 것일까? 문제는 신뢰할 만한 전문가와 과학자 집단을 통해 검증된 과학적 사실이 아닌, 자신들의 이득을 위해 '과학 같지만 과학이 아닌 썰'을 풀어내는 유사 전문가 및 그들을 지지하는 인플루언서들의 존재 때문이다. 소위 셀럽이라고 하는 선동가들에 의해서 백신 신뢰도는 좀처럼 회복되지 않고 있다.

대부분의 국가들은 백신 접종 이후 이상반응을 모니터링할 수 있는 시스템을 갖고 있다. 특히 영국은 옐로카드 주간 보고 시스템을 통해 접종자 개인 혹은 의사들이 자발적으로 시스템에 입력한 모든 이상반응 데이터를 대중에게 공개한다. 이는 정부가 임상시험에서 발견되지 않은 새로운 위험이 있다면 그 위험을 신속하게 감지, 확인, 특성화 및 정량화해 개인의 위험을 최소화하기 위한 조치다. 백신 접종과 일시적으로 관련된 심각한 사건이 우연의 일치일 경우 신속하게 밝혀 백신에 대한 대중의 신뢰가 불필요하게 약화되지 않도록 강력한 증거 기반의 조사가 필요하기 때문이다. 이 옐로카드 주간 보고서에는 "각 백신의 제조사별로 이상반응에 대한 데이터를 제공하고 있으며, 여기에 나열된 질환들은 백신과 관련된 잠재적인 부작용에 대한 것이 아니다"라고 분명하게 명시하고 있다.

이와 같이 백신 이상반응 및 부작용에 대한 국가적 참여는 백신 접종 캠페인을 담당하는 보건당국의 시스템이 작동했다는 증거다. 대부분의 선진국에서는 어떤 백신이든 백신 접종 이후 나타나는 이상반응에 대한 모니터링 시스템이 존재하며, 코로나19 이후 중저소득 국가에서도 이를 도입하기 시작했다. 이러한 시스템은 의사나 개인이 백신 접종 후 나타난 모든 증상에 대해 보고할 수 있는 시스템이기 때문에 모든 보고가 다 백신 접종과 관련이 있다고 이해하기는 어렵다. 따라서 증상과 백신과의 인과관계를 알아내는 데는 시간이 오래 걸린다. 다만 기존에 축적된 이상반응에 대한 데이터로 또 다른 전염병에 대한 백신을 개발하는 과학자들과 이를 다루는 의료인, 그리고 백신 캠페인을 주최하는 정부가 미래에 무엇을 준비하고 예방할 수 있을지 판단하는 데 중요한 영향을 미칠 수 있다. 여기서 문제는 이렇게 공개된 자료를 과학적으로 분석하지 않은 채, 선택적으로 특정 병명만을 나열하며 마치 백신에 의해 여러 질병들이 발생하는 것처럼 '체리피킹'해 이야기하는 인플루언서들이다. 정부기관에서 공식적으로 만든 시스템을 백신반대의 공격 무기로 사용하는 이러한 현상은 20세기의 백신반대 현상과는 또 다르다.

'디지털 혐오 대응센터 Center for Countering Digital Hate(CCDH)에 따르면, 코로나19 기간 동안 소셜 미디어에 퍼진 백신에 대한 잘못된 정보의 65%가 단 12명에 의해 생산되었다고 밝혔다.* 이에 백신반대운동가, 대체 의료 기업가 및 의사도 포함되었다. 이 인플루언서 12명의 게시물이 각종 SNS와 유튜브로 공유 및 재생산되면서 백신에 대한 불신을 부추겼다. 그뿐만 아니라 자연 감염 혹은 대체 천연 물질, 비타민 등으로 코로나19를 예방할 수 있다고 주장하는 이들, 심지어는 코로나19 바이러스의 존재를 부인하는 이들도 있었다. 이러한 흐름에 따라 아스트라제네카는 코로나19 백신을 시장에서 철수해야만 했다. 그 결과 영국 과학자들이 발 빠르게 움직여 1년 만에 만들어낸 백신이 3년 만에 백신 시장에서 사라지게 되었다. 아스트라제네카 백신은 mRNA 백신에 비해 저렴하고, 운송과 보관도 더 용이했기에 저소득 국가를 중심으로 적극적으로 도입되었다. 에어피니티 Airfinity에 따르면 아스트라제네카 백신이 보급된 2021년 한 해에만 전 세계에서 630만 명이 생명을 구했다고 분석했다. 그럼에도 최근 영국 법원은 아스트라제네카 백신이 드물게 '혈소판 감소성 혈전증'을 유발할 수 있다고 인정했고, 아스트라제네카 측은 코로나19의 유행이 잦아지면서 백신 수요 감소로 인한 시장

●   https://252f2edd-1c8b-49f5-9bb2-cb57bb47e4ba.filesusr.com/ugd/ f4d9b9_b7cedc0553604720b7137f8663366ee5.pdf

6부 포스트 코로나, 우리가 백신을 말할 때

철수라고 못 박았다. 이후 온라인에서는 아스트라제네카의 시장 철수에 대한 뉴스를 퍼 나르며 백신에 대한 불신을 지속적으로 이야기하는 글들이 꾸준히 보였다. 생리 주기에 대한 이야기에 더해 mRNA 백신이 불임을 야기한다는 이야기를 퍼트리는 사람들, mRNA가 체내로 들어가 인간의 유전자 변형을 일으킨다는 주장을 하는 사람들도 있었다.

물론 모두 사실이 아니었다. 우리는 지금까지 과학자들이 연구해 온 결과나 그들의 주장을 뒷받침할 만한 과학적 데이터 없이 인플루언서들의 '카더라' 주장 혹은 어떠한 과학적 실험도 행해지지 않은 민간요법들의 무분별한 공유를 지양해야 한다. 흔히 백신 부작용에 대한 뉴스가 나오면 기사 제목이 자극적으로 달리는 것 또한 이와 함께 생각해 봐야 할 문제다. 여러 과학적인 분석과 모델링 연구에 따르면 아스트라제네카 백신 접종 이후 나타나는 혈소판 감소성 혈전증은 10만 명당 1명 꼴로 나타날 수 있으며, 이 비율은 기존의 B형 감염, 홍역, 볼거리, 풍진, 인플루엔자와 같은 질환에 대한 다른 백신 접종 후 보여지는 혈전증 증가율과 비슷하다고 분석했다[*]. 그렇게 코로나19 초기 인류가 잘 알지 못했던 바이러스에 대한 거짓 정보가 온라인을 통해 무분별하게 퍼져나가면서 SNS 플랫폼들은 거짓 정보 유포자들의 계정을 중지하고 이들의 주장을 퍼트리는 게시물에

---

[*] https://www.bmj.com/content/373/bmj.n1489

대해서 경고를 표시했으며, 라벨을 붙여 CDC 등의 공중 보건 사이트와 연결되도록 조치했다.

공중 보건과 신뢰 회복
: 백신에 대한 현대적 대응

코로나19 기간 동안의 바이러스 자체와 백신에 대한 수많은 거짓 정보에 대항하기 위해 WHO, CDC, 각 주정부를 비롯한 세계의 공중 보건 기관들이 '인포그래픽'으로 무장하기 시작했다. 거짓 정보의 광속을 잡기 위해 과학 정보 혹은 팩트 체크에 대한 게시물 등을 소셜 미디어 플랫폼에 맞춘 형태로 제작해 배포했다. 종이와 신문, 혹은 논문으로 백신반대론자들을 잡기에는 그들의 파급력과 규모가 너무 컸기 때문이다. 또한 각 공중 보건 기관들은 더불어 지역사회를 기반으로 하는 전략을 취해왔다. 주치의, 소아과 의사 등 실제 백신 접종 대상자과 가까운, 신뢰할 수 있는 의학 전문가의 역할을 강조했다. 미국 소아과학회 및 가정의학회 등의 의학학회 및 협회들은 인포그래픽 및 툴키트를 제공했다. 미국의 경우 역사적으로 심각한 윤리 위반을 했던 터스키기 매독 생체실험 사건●으로 흑인 커뮤니티 내 공중

● 1932년~1972년 미국 알라바마의 터스키기의 보선국이 매독을 치료히지 않았을 때 나타나는 질병의 확산 정도에 대해 알아보고자 가난한 흑인 소작농을 대상으로 진행한 실험. 항생제로 매독을 치료할 수 있음에도 어떤 치료도 하지 않았고, 피험자들에게 제대로 된 정보도 제공하지 않았다.

보건과 백신에 대한 부정적인 경향이 높다. 이를 해결하기 위해 주정부에서는 백신 접종 캠페인의 첫 백신 접종자를 흑인 간호사로 선정했으며, 흑인 커뮤니티의 영향력 있는 유명인들과 종교인들이 적극적으로 백신 접종을 권고하게 했다.

백신 개발과 접종을 통한 공중 보건의 질은 백신반대운동의 영향을 받아 발전해 왔다. 백신 연구자들은 과학적으로, 의학적으로, 경제적으로 백신 접종이 더 무거운 무게추를 가지고 있음에도 백신반대론자들의 주장에 대항하고자 면밀히 연구하고 분석하며 그 제도를 수정해 왔다. 백신반대운동을 하는 이들은 여전히 질병의 예방과 치료를 위해 백신 대신 수두파티, 동종요법, 유산균과 비타민, 에센셜 오일 및 천연물질 등이 필요하다고 주장한다. 우리는 거꾸로 이에 대한 과학적 검증과 안전성에 대한 규제와 승인이 있는지를 생각해 볼 필요가 있다. 백신은 100% 완벽할 수 없지만, 그 효과와 안정성을 높이기 위해 수많은 관계자들이 노력해 왔고, 앞으로도 계속 노력할 것이다. 백신반대론자들의 다양한 대체요법보다는 백신에 대한 객관적인 분석과 평가에 더 큰 신뢰를 기울일 수 있도록 모두의 노력이 필요하다.

5

백신의 여정
: 과학, 불신, 그리고 회복

●

세계적인 통계 사이트 '데이터 속 세계Our World in Data'의 평균
수명에 대한 분석에 따르면 1980년대 초 전 세계 평균 수명은
30세 미만이었다. 19세기 후반이 되어서야 평균 수명이 가파르
게 증가했는데, 그 이유로 감염병에 대한 사망률이 줄어들었기
때문이라고 분석하고 있다. 이에 항생제와 더불어 백신의 역할
이 컸으며, 더불어 공중 보건 인프라 구축, 도시화, 영양 개선 및
노약자에 대한 공중 보건의 지원이 확대되었기에 가능했다. 최
근《란셋》에 게재된 논문*에 따르면 전염병 발병의 감소로 전
세계 기대 수명이 1990년 이후 6.2년 늘어났으며 설사, 하부 호
흡기 감염, 뇌졸중, 심장병 등으로 인한 사망자가 줄었다. 이 연
구에서는 1990년부터 2021년까지 204개 국가의 288가지가 되
는 사망 원인을 비교했다. 동남아시아, 동아시아, 오세아니아
지역은 1990년부터 순 기대 수명이 8.3년 증가했으며, 아프리

●   https://www.thelancet.com/journals/lancet/article/PIIS0140-6736
      (24)00367-2/fulltext

카 사하라 이남 지역에서는 기대 수명이 10.7년으로 가장 많이 증가했다. 기대 수명이 크게 증가한 대부분의 국가는 설사 및 장 질환을 효과적으로 통제했기 때문이라고 분석되고 있다.

논문에서 보는 숫자들, 데이터 사이트에서 보이는 숫자들은 그냥 숫자가 아니다. 어떤 누군가는 고작 2년, 3년이 뭐가 대수냐고 이야기할지도 모르지만, 그 작은 숫자 뒤에는 역사를 관통하는 전염병을 위한 초인류적인 노력이 담겨 있다. 우리는 흔히 아파서 병원에 가서 치료를 받거나 수술하는 일을 지극히 개인적인 것으로 생각한다. 대부분의 만성질환은 그렇다. 아니 그렇지 않을 수도 있다. 사회역학의 관점에서 보면 개인의 건강 문제에는 사회적인 요인이 존재한다. 좁게 생각하면 비슷한 질병에 걸리는 이들의 연령, 성별, 환경과 여러 사회적 요인들이 그 질병의 원인일 수 있다. 특정한 직종에 종사하는 이들의 특정 암 발병률이 높다든지, 특정 지역에 사는 이들의 특정 만성질환 발병률이 높게 나타난다는지 등이 다 이에 속한다. 좀 더 넓게 생각하면 국가, 기후, 개인 및 국가의 소득, 보건역량 등의 거시적인 사회 문제들이 그 사회 구성원들의 건강 문제를 야기시킬 수 있다. 전염병이 그 예다.

오늘날 전염병과 관련한 대부분의 고소득 국가의 기대 수명은 완만한 증가세를 보이고 있다. 일부 연구에서는 현대 의학기술이 기대 수명을 늘릴 수 있는 한계에 이미 도달했다고 보는 견해도 있다. 그에 반해 기대 수명이 급진적으로 증가한 나라들은 중저소득 국가로 이에 제도, 환경과 보건역량 개선이 큰 역할을 하고 있다. 그들의 노력은 비단 기대 수명 증가에 그치지 않는다. 영유아 사망률을 줄이고, 그들이 건강하게 자라날 수 있는 환경을 만드는 일은 해당 국가뿐만 아니라 국제적인 보건 사업의 지원을 통해 이루어진다. 특정 집단, 지역, 국가를 아우르는 정책은 때론 개인의 건강을 넘어 사회와 국가 더 나아가서는 전 지구적인 건강 문제를 해결을 할 수 있다.

코로나19 백신의 여정
: 기대와 불안의 교차로

우리는 이미 코로나19를 통해 인류의 건강을 위협하는 전염병이 얼마나 빨리, 얼마나 넓게, 얼마나 많은 사람들의 삶에 영향을 주었는지를 눈앞에서 목격했다. 인류는 기원전 행해졌던 민간요법부터 현대 백신에 이르기까지 오랜 시간 동안 효과가 좋은 백신, 안전한 백신을 개발하기 위해 노력해 왔다. 그러나 코로나19가 등장하고 많은 것이 바뀌었다. 기존에 개발하던 방법으로 백신을 개발하고, 대량생산하고, 검증하는 데 걸렸던 시간을 코로나19의 전염 속도가 기다려주지 않는다는 것을 깨달았다.

사실상 인류의 기대에 100% 만족을 가져다준 코로나19 백신은 없었다. 백신이 상용화되는 순간부터 마스크를 벗고 일상으로 뛰어들 준비가 되어 있던 이들은 자신의 팔을 내어주던 그

　　　　　　　6부 포스트 코로나, 우리가 백신을 말할 때

순간부터 백신이 코로나19로 인한 혼란한 세상을 물리쳐 주길 기대했을 것이다. 그러나 우리 몸의 면역반응이 일어나기 위해서는 일정 시간이 필요하다는 사실과 개인마다 면역 효과와 방어능의 차이가 나는 백신에 실망했을 수 있다. 전 세계의 수많은 이들이 접종한 다양한 백신으로 때론 예상하지 못했던 이상반응들이 보고되면서 기존의 기대감이 불안감으로 변했을 수도 있다. 그럼에도 전 세계 과학자들이 개발하고 상용화시킨 백신을 통해 우리가 마스크를 벗고 지금의 일상을 되찾을 수 있었던 것은 자명한 사실이다. 커리코의 mRNA 연구에 대한 열정과 노력의 시간들이 없었다면, 아스트라제네카의 저가 백신이 없었다면 뒤늦게나마 코로나19의 전염 속도를 인류는 결코 따라잡을 수 없었을 것이다. 각국 정부, WHO와 여러 민간 기관의 전폭적인 재정 지원이 없었다면, 각 보건당국의 백신 확보를 위한 노력과 방역 및 백신 접종에 대한 정책이 없었다면, 백신 접종 캠페인을 위한 수많은 의료 종사자들의 노력이 없었다면 아마도 우리는 아직도 코로나19의 그늘에서 벗어나지 못한 채 비대면 세상에 갇혀 있을지도 모른다. 무엇보다 백신 접종을 통해 함께 그늘을 벗어나고자 노력한 인류가 없었다면 코로나19의 끝은 보이지 않았을 것이다. 현재 우리에겐 개인을 넘어 사회가, 사회를 넘어 국가가, 국가를 넘어 전 세계가 힘을 모아 전염병으로부터 건강한 사회를 만들어야 한다는 과제가 남아 있다. 백신은 그 과제를 해결하는 데 가장 필요한 방법이다.

"백신은 모든 사람들의 희생과 수고를 좀 더 빨리 덜 수 있는 방법이다. 백신은 실험실 안의 과학으로만 만들어지지 않는다. 백신을 필요로 하는 사회, 그리고 그 사회의 공중 보건을 위한 공동의 방향성 있는 정책과 정치를 통해서 '함께 가꾸는 정원'을 완성할 수 있다. 지금이 바로 '망설임'을 멈추고 함께 팔을 걷어야 할 때다"•

• 문성실, 『사이언스 고즈 온 Sceince goes on』 인용, 알마, 2021.

6부 포스트 코로나, 우리가 백신을 말할 때

맺음말

> "인간을 위협하는 수많은 바이러스에 대한 백신을 만들기 위해서는 뭐가 필요하죠?"

어느 과학고등학교 강연에서 한 학생이 던진 질문이었다. 1918년 스페인 독감 팬데믹부터 시작해 지난 100년간 인류를 위협했던 바이러스 유행의 연대기를 보여준 뒤였다. 웨스트나일열, 라싸열, 마버그열, 니파열, 사스 등은 국소적으로 큰 유행을 보였지만 아직 백신이 개발되지 않은 바이러스성 질병들이다. 이들의 특징은 주로 중저소득 국가에서 바이러스가 유행했다는 점, 급속한 도시화가 진행되면서 바이러스가 동물에서 사람으로 전파되어 더 치명적인 질병을 일으켰다는 점이다.

> "역설적이게도, 많은 사람들이 바이러스에 감염되어야 합니다."

학생의 질문에 나는 이렇게 답했다. 앞서 이야기한 바이러스성 질병들이 코로나19처럼 고소득 국가 사람들에게까지 큰 영향을 미쳤다면 어떻게 되었을까? 아마 각국 정부는 자국의 백신 개발에 막대한 연구비를 투입하고, 여러 제약사는 경쟁적으로 백신 상용화에 박차를 가했을 것이다. 실제로 코로나19는 백신의 역사를 새로 썼다. 전 세계를 위협하는 바이러스에 대한 백신을 1년 만에 개발, 생산, 승인한 것은 그야말로 획기적인 사건이었다. 하지만 안타깝게도 모든 백신이 그렇게 빠르게 개발될 수는 없다.

나 역시 십수 년간 같은 바이러스 백신을 연구해 오면서, 연구비를 지원하는 정부 기관이나 수익을 내야 하는 제약사의 입장이 연구자의 입장과는 사뭇 다르다는 것을 절감했다. 실제로 빌 게이츠는 한 인터뷰에서 말라리아 백신의 중요성을 강조하며, 전 세계 인구의 90%가 위험에 노출된 말라리아보다 선진국 남성의 탈모 치료제 개발에 훨씬 더 많은 투자가 이뤄지는 현실을 지적한 바 있다. 이처럼 자본 논리에 따른 투자 결정으로 인해, 중저소득 국가의 풍토병을 대상으로 한 바이러스 질환 백신 개발이 더디게 진행되고 있다.

코로나19 백신 상용화 이후 각국은 공중 보건을 위한 백신 확보에 사활을 걸었다. 하지만 백신 구매량은 정부 정책, 경제력, 보건 인프라 수준에 따라 큰 차이를 보였다. 세계 속 데이터 Our World in Data에 따르면 코로나19 백신 접종률이 고소득 국가에서는 70%에 육박한 반면, 중저소득 국가에서는 45%, 극빈국에서는 고작 4.2%에 그쳤다고 한다. 경제 불평등이 백신 불평등으로, 나아가 건강 불평등까지 심화시킬 수 있음을 코로나19 사태는 여실히 보여주었다. 백신 불평등 문제는 한 국가의 백신 확보 차원을 넘어선다. 특히 인적 교류를 통해 순식간에 전 세계로 전파될 수 있는 바이러스 질병의 경우, 백신 접종률이 저조한 지역에서 변이 바이러스가 출현할 위험이 크다. 이는 기존 백신의 효과를 무력화할 수 있기 때문이다.

우리 모두는 한 배를 타고 있다. 국경을 초월해 국가와 국가가, 사람과 동물과 환경이 밀접하게 연결되어 있다. 지구 어디에서든 동물과 사람 간 장벽을 뛰어넘는 신종 바이러스 질병이 출현할 가능성이 있으며, 머지않아 인류와 동식물의 건강을 위협할 수 있다. 그렇기에 우리는 국소적인 유행이라도 많은 사람을 감염시키는 바이러스 백신 개발에 더 많은 관심과 지원을 쏟아야 한다고 믿는다.

백신의 역사는 코로나19 이후 새로운 전환점을 맞고 있다. 앞으로도 인류 공동의 노력으로 모두를 위한 백신 개발이 더욱 활발해지기를, 그리하여 인류가 바이러스의 위협에서 자유로워지는 날이 오기를 간절히 소망한다.

사진 출처

21p   (위)Huydang2910, CC BY-SA, (아래)welcome collection gallery: CC-BY-4.0

23p   (위)Reference: Koch R. Verfahren zur Untersuchung, zum Conservieren und
      Photographiren der Bakterien. Beiträge zur Biologie der Pflanzen 1877;2:399–434,
      (아래)welcome image, CC BY 4.0

26p   The National Library of Medicine

30p   CDC, Public health library

31p   CDC, Public health library

36p   Public domain

39p   Wellcome Library (WMS3115), CC 0-4

42p   By Ernest Board, images.wellcome.ac.uk, Public Domain, 0-5

44p   By Ernest Board, images.wellcome.ac.uk, Public Domain

47p   National Museum of American History, CCO) 0-6

55p   (좌)commons creative, (우)CDC, Public health library

56p   CDC: World Health Organization Stanley O. Foster M.D., M.P.H.

71p   Public domain

101p CDC, Dr. Charles N. Farmer

106p creative commons

110p CDC, Public Health Library

125p March of Dimes

157p Public domain

161p CDC, Public Health Image Library

168p CDC, interactive map

171p CDC, Public Health Image Library

241p Photo by Christopher Michel